リーマンの生きる数学

黒川信重 編

リーマンの数学と思想

加藤文元 著

4

共立出版

シリーズ刊行にあたって

大数学者リーマンの影響力の偉大さは，歿後 150 年の現在，一層輝きを増して感じられる．リーマンは 1826 年 9 月 17 日にドイツに生まれ，1866 年 7 月 20 日にイタリア北部のマジョーレ湖畔にて 39 歳という若さで生を終えた．

リーマンが，その短い一生の間に，解析学・幾何学・数論という多方面にわたって不朽の画期的成果を挙げて，数学を一新させたことは，今更ながら驚きに堪えない．もちろん，その時間的制約から，リーマンにはやり残したことも多いはずであり，リーマン予想はその代表的な例であろう．さらに，リーマンは人見知りの激しい極端に控えめな性格の持ち主であり，5 歳年少の友人デデキントとの深い信頼関係によって何とか日々の生活を送っていた，という意外な面もある．ちなみに，デデキントはリーマン歿後，『リーマン全集』のまとめ役をつとめ，そこに最初の「リーマン伝」を書き下ろしている．

リーマンの数学的遺産の大きさの明証としては，「リーマン積分」，「リーマン面」，「リーマン多様体」，「リーマン計量」，「リーマン予想」というように，リーマンの名前が現代数学の至る所で日常的に使われていることをあげることができる．まさに，リーマンなしには数学はできない，というのが現代数学者の共通認識である．付記すれば，現在に至るまで，後世の人々がリーマンの真意を汲み尽くせていない可能性も大である．リーマンが歿後 150 年を機によみがえって現代数学を見たなら，どのような感想を抱くだろうか，興味深いところである．

本シリーズは，リーマン歿後 150 年の現在からリーマンの数学およびその後への影響を振り返るのが趣旨であり，

『リーマンと数論』

『リーマンと解析学』

『リーマンと幾何学』

『リーマンの数学と思想』

という4巻からなる．執筆者には，これまでのリーマンの固定観念にはとらわれず，自由に書いて頂いている．リーマンの仕事，リーマンのやろうとしたこと，リーマンが夢見たこと，リーマンの影響，リーマン後の発展，リーマンの未来へのメッセージなど，重点の置き方も各様である．

本シリーズによって，数学の悠久の流れにおけるリーマンの位置を認識し，リーマンの求めんとしたところを訪ねる人々が続くことを念願する．

リーマン歿後150年の2016年に，ちょうど創立90周年を迎える共立出版から本シリーズが刊行されることは喜びに堪えない．

2016年10月　　　　編者　黒川信重（東京工業大学教授）

はじめに

なにものも存在するものがなければ，
現在という時間は存在しないであろう．
——アウグスティヌス『告白』XI, 14

よくいわれるように，現代の科学は表象だけに関わっているわけにはいかない．現象の素朴な観察・抽象だけでは科学にならない．現代科学は直接的に目に見える現象よりむしろ，その奥にある〈隠喩的構造〉を相手にしなければならない．それらはそもそも表象不可能であるか，表象可能であっても，自然への厳しい尋問や訴追によって意図的に見出そうとしなければ，間接的にも検証可能とはならない．だとしても，それらは間違いなく実在のなにかに基づいているという意味では実在的なものとして認知されている．電磁波，重力，素粒子，エネルギー，ウィルス，遺伝子，ベンゼン環，宇宙線，プレートテクトニクス，ブラックホールなど，現代科学の基本的対象や構造の多くは，このような意味で〈隠喩的〉であり，これらの直接表象不可能だが実在的な実体に基づいて現代の経験科学は発展している．重要なことであるが，これらの対象は素朴な現象の観察から自然に導かれるものでは決してないし，そこから直接的に抽象された形式ですらない．18 世紀までの古典主義時代，電気にまつわる現象の雑多な観察と，それらについてのナイーブな解釈が「電気」という概念の形成をいかに阻害してきたかは，まことに驚くべきである[1]．

18 世紀以前の古典的近代科学と，19 世紀以降急速に発展した現代科学の間の大きな相違点の一つは，それがあつかう基本的対象のとらえ方である．18 世紀以前の古典主義時代において，経験科学とは現象の観察の積み重ねから直接的

[1] バシュラール [3]，pp.55-61.

に抽象へと進むというものであった．したがって，その対象は素朴な意味での表象，あるいは表象の幾何学化による数学的形式であった．自然における現実的真理と，現象の抽象化による表象形式の理念的真理は，互いに一致するはずだ．なぜなら，表象こそが自然であり，自然と表象との間には表裏一体的な共犯関係があるからである．このような無批判で表象第一主義的な基本理念が，古典的な経験科学を主導していた．

他方，19 世紀以降の現代科学は，表象世界のさらに奥の層に〈不可視の実体〉を求める．直接表象不可能な隠喩的実体によってこそ，自然の科学的説明は可能なのだ．現代的な経験科学は，直接経験不可能な対象を積極的に構想するという，いくぶんパラドクシカルな状況から出発する．電気にまつわる現象の奥に，それと目には見えなくても，電子という〈実体〉が存在し，これに基づいた隠喩的な直観モデルによって電気についてのすべての現象に普遍的な説明を与えることができる．

素朴経験的には表象化できないそれらの対象は，したがって，古典的な意味とはまったく異なるタイプの存在論を要求する．粒子と波動の二重性という存在様式は，18 世紀までの科学の思いもよらぬものである．それらは感性的にはいかなる意味においても直接表象できない．しかし，それらはなんらかの意味で「存在」していなければならない．しかるに，19 世紀を通じて，近代科学はその進歩と同時に，対象の存在論についてのコンセンサスをも変容させていった．不可視で直接表象不可能なものは，18 世紀のジョージ・バークリーならば名目的な〈道具〉としてしか認知しなかったに違いない．しかし，テレビや携帯電話を日常的に使っている現代の我々は誰も，電波や素粒子の〈実在性〉――それそのもの実在性という意味ではなく，なんらかの実在性を根拠としているという意味での――を疑わないのではないか．現代人は実体のない道具のおかげをこうむっているだけなのだろうか．うがった見方をすれば，現代科学こそその対象の「実在性」を外界的自然に押し付けたのである．古典的科学が育んでいた自然と理念との幸福な一体性を根底から覆し，人間が構想した〈隠喩的実体〉によって自然のあり方を意図的に捏造しようとしたからこそ，現代科学は自然のより深い構造をあらわにすることができたのだ．

いずれにしても，現代科学はこのような直接表象不可能でありながら，なんらかの意味で実在的な対象を構想したからこそ発展できた．してみれば，古典主義時代の科学と現代科学の間の大きな相違点として，その対象についての基本理念——自然と理念の幸福な共犯関係に基づいた「表象＝対象」か，あるいは表象としての存在様式とは独立の隠喩的実体か——の違いを指摘することができるだろう．そしてこれと同様の存在論的パラダイムシフトは，18 世紀から 19 世紀にかけて数学においても起こっていた，というのが本書の一つのテーマである．

18 世紀以前の西洋近代数学においても，その対象はもっぱら表象であるか，あるいはそれに付随した「素朴な抽象化」としての表象形式でしかなかった．これはそのころの数学が，もっぱら式変形一辺倒による唯名論的な数学であり，素朴な量概念という表象形式にのみ関わっていたことを意味している．さらに言えば，古典的な数学の対象観が「表象＝対象」という表象第一主義的なものであったことは，その対象の存在論が自明であったことをも意味している．素朴な量概念という表象形式に関わるかぎり，対象は存在論的に透明だった．当時の数学は，19 世紀のデデキントのように『数とは何かそして何であるべきか（*Was sind und was sollen die Zahlen?*）』[2] と問う必要などまったくなかった．さらに言えば，18 世紀までの数学が無限小や虚数をめぐる存在論的な論争についぞ着地点を見出すことができなかったことも，当時の数学が同時代の経験科学と同様に，自然と理念の幸福な共犯性の中にあり，「表象＝対象」の存在論的透明性から抜け出せなかったことを裏書きしている．

しかし，19 世紀において数学は大きく様変わりする．数学はもはや「表象＝対象」というパラダイムでは発展できなくなった．式変形だけの唯名的数学は，その複雑さゆえに閉塞状態に陥った．そのかわり，数学は「概念による数学」という掛け声のもと，表象のさらに奥の層に，存在論的厚みのある，感覚的表象とは独立な，不可視的な別世界の対象領野を創造する．古典時代の数学はもっぱら現象の数学的・幾何学的形式にのみ関わっていたという意味で唯名的であったが，現代数学は——例えば，集合という建築資材によって構成された空間などの——実体的な「モノ」をあつかうようになる．しかるに，19 世紀の数学はこれらの実体，例えばクラインの壺や高次元空間などのような，往々にして感覚的に

[2] Dedekind [16].

は理解不能かつ表象不可能であり，表象的存在様式とは完全に独立に存在していなければならない叡知的対象に対して，それらに見合った新しい存在論を仕立ててやる必要があった．経験科学の場合は，実験によって対象の実在性の片鱗をある程度明らかにすることができる．しかし，数学の対象の場合はそうはいかない．それだけに，数学対象の存在論的コンセンサスの形成には，より厳しい道程があったはずである．デデキントによる『数とは何かそして何であるべきか』といった問いや，非ユークリッド幾何学の発見といった19世紀的〈発見〉の多くは，このような存在論コンセンサスの刷新という文脈でこそ，その意義が明確になる．

そして，その原点にリーマンがいる，というのが本書の主張である．リーマンはその教授資格取得講演（Habilitationsvortrag）「幾何学の基礎をなす仮説について（Über die Hypothesen, welche der Geometrie zu Grunde liegen）」[3)]において，「多様体（Mannigfaltigkeit）」という概念を導入し，数学における一般的な対象の概念を刷新した．通説では，この講演で空間の「計量規定」の仮説性が明らかにされ，それによってリーマン幾何学が生じ，また特に物理学への応用などにおいて新しく経験的な空間概念をもたらしたとされている．また，これよりはあまり語られない側面として，リーマンの多様体は「位置規定」を内在し，位相構造の先駆が構想されているとされる．これらの通説はもちろん正しいのであるが，どれもこの講演の中心的重要性を突いていない．確かに，リーマンは多様体を数学の対象として導入し，そこに

- 内在的な「位置規定」
- 外在的な「計量規定」

という二つの構造を明確化している．しかし，リーマンがこれによって目指したのは，多様体という「モノ」を導入すること，すなわち，それまでの古典的な対象様式とは相容れない，それ自体で内在的な存在であり，いかなる感覚的表象とも独立な存在様式をもつ新しい実在的対象を導入することだったのではないだろうか．すなわち，上記二つの規定の根底に

[3)] リーマン [76]，pp.295-307，Riemann [75]，pp.272-287.

- 内在的な〈存在規定〉

とでも言うべきものがあって，これこそリーマンがこの講演によって19世紀数学にもたらした根本的な意義なのである．これは確かに現代の我々から見れば，きわめて目立たない，見逃しやすいものであるが，それは現代の我々が電波や素粒子の（なんらかの意味での）実在性を疑っていないのと同様に，集合やそれを用いて構成された空間などの数学的対象の存在論を（意識的にせよ無意識的にせよ）自明なものとして受容しているからである．現代数学の研究者は，例えば多様体や集合を日常茶飯事のようにあつかうが，その際，いちいちそれらの存在規定について関心を向けたりしないし，そもそも，そのようなことをしていては研究を前に進めることができない．しかし，19世紀中葉，リーマンの同時代人たちにとっては，このような〈表象不可能な〉対象の存在論はそれなりに深刻であった．そうであればこそ，虚数や無限小や非ユークリッド幾何学の受容の遅さがあったのである．しかるに，そのような（集合論すらなかった）19世紀当時の状況を踏まえて考えてみたときに，多様体における「位置規定」や「計量規定」の問題以前のもっと根本的な層で，その存在・非存在にまつわる真剣な問題意識があったことは容易に想像されるのであり，そうした文脈でこそ，リーマンのいくぶん地味でわかりにくい根本的な意図が理解できるのである．

リーマンによってもたらされたものの意義は，数学における対象の「存在規定」という根本的なレベルにこそ求められるべきである．本書の前半では，まずこのことをリーマン自身の言葉や草稿を参照することで明らかにしていこうと思うが，さしあたって，上述した古典主義的科学から現代科学への対象観の推移，特にその存在論的コンセンサスの変容との比較は示唆的であろう．リーマン自身による草稿が明らかにしているように[4]，リーマンによる多様体概念も，現代科学におけるさまざまな基本的対象と同様に，感覚的表象とは独立の自体存在であることを目指して導入されている．したがって，それは感覚的表象や自然界の事物などとはまったく異なる存在原理に基づいていなければならない．すなわち，なんらかの外在的な存在に従属した形で存在するのではなく，それ自体が自体存在として，自分自身の内側から内在的な存在原理に基づいて存在するものでなけ

---

[4] 4.1.3 項参照.

ればならないのである．これについてリーマンがどのように考えていたかを探ることが，以下の議論での中心的興味の一つとなるであろう．

本書の後半ではさらに論を進めて，リーマンがもたらした新しい対象概念が，どのような影響のもとに創造されたか，あるいはどのような影響を後世に遺し，どのように変奏されたのか，そして現代数学にとってそもそも「多様体」とはなんだったのか，といった点について多角的に考察する．リーマンの多様体概念への先人からの影響という点では，リーマン自身が講演の中で名指ししていることもあり，ことにガウスとヘルバルトからの影響がよく論じられている．特に哲学者ヘルバルトからの影響については，多くの論者によって賛否両論さまざまに論じられてきた．ここでこの問題をリーマンの多様体導入における「存在規定」の重要性という立場から見た場合，また違った意味合いが浮き彫りになるであろう．ことにリーマン自身がその草稿の中でヘルバルトの存在論には与しない[5)]と述べていることも，逆に，存在論的視点が問題の核心の一つであることを示唆している．また，後世への影響と多様体概念の変容という文脈では，リーマンによる多様体が準備した新しい存在様式の可能性が，「集合」という，古典的な存在原理からはかけ離れた存在様式をもつ，まったく新しい意味で叡知的な実在物の導入へと道を開いたことが明らかにされるであろう．集合論の勃興期においてカントールによる理論形成の直接の引き金となったのは，関数の三角級数による展開可能性についての考察が，関数の不連続点の分布を通じて，実数全体のなす集合や，そのさまざまな部分集合についての系統的な理解を必要としたことにある．しかし，このような技術的な要因の根本に，そもそも数学対象自体の近代化，すなわち感性的表象になんらかの形で表裏一体的に関わる古典主義的存在としての対象ではなく，感性的表象としての存在原理とは独立な，それ自体が内在的に存在する自体存在としての数学対象，という現代的な対象観が準備されていなければならなかったはずである．さもなければ，集合という数学の万能建築資材が，いかなる特殊性や文脈の局所性にも縛られない普遍存在として措定されることは不可能であったはずだ．そして，その意味での新しい叡知的な存在原理がもたらされるきっかけとなったのが，リーマンによる教授資格取得講演なので

[5)] 5.2.2 項参照.

あり，その中で導入された新しい対象の考え方なのであり，多様体概念なのである．

これらの議論を踏まえて本書の最後に考察される問題は，多様体という概念が現代数学に遺したものはなんだったのか，そしてそれは数学をどのように変えたのか，というものである．つまり，そもそも「多様体」とはなんなのかという，もっとも基本的かつ根本的な問題が考察されなければならない．これについて，我々は近藤洋逸による「具体的普遍者」の概念を検討することになる．多様体が叡知的な存在領野から数学者によって表象化されると，それは一つの数学的普遍として現象するが，同時にその具体的側面を系列項とする一つの系列形式として現出する．多様体はこのように具体への展望を備えた普遍であるというあり方を踏まえて，近藤洋逸によって「具体的普遍者」と呼ばれた[6)]．多様体は確かに具体と抽象の二重性という，おそらく18世紀以前の数学が思いもよらなかった，現代的な存在原理をもつものであり，その意味で具体的普遍者である．しかし，その意味が近藤洋逸の言うように，豊かな具体への展望可能性を常に備えたもの，すなわち普遍化と具体化の二重プロセスが常に可能になっているものだとしたら，それはいささか楽観的であろう．後述するリーマン面の一意化の実現問題やアクセサリー・パラメーターの決定問題，リーマン-ヒルベルト対応の具体化の問題などに代表される現代数学における多くの困難は，この「具体への展望」可能性が，単に権利上のものでしかないことを如実に示している．これは「具体的普遍者」というテーゼが本来動的なものであること，すなわち時間性という次元を通して解釈すべき側面であることを物語っているのではないだろうか．このように見ることで，具体的普遍者としての「多様体＝集合」という現代数学の基本概念によって，普遍と具体，観念論と経験論，投機的内包概念と外延的実体といったさまざまな弁証法を一つの力学に昇華することができるであろうし，同時に現代数学とはどのような学問であるか，そしてその中で研究とはどのような行為であるかという問いに対して，一定の応答を示すこともできるであろう．

最後に，本書の構成について説明する．最初に第1章でリーマンの生涯の簡単な素描と，その業績の概略を後世への影響という視点でまとめる．これを受け

[6)] 近藤洋逸 [59]，p.278.

て，リーマンの仕事の数学史的背景を検討するために，第2章では西洋数学史を大まかにまとめ，特にその中での19世紀西洋数学の発展の位置付けについて述べる．

第3章以降が本論である．まず第3章では，リーマンの学位論文で展開されたリーマンによる複素関数論のやり方について議論する．ここでは，例えばコーシーやワイエルシュトラスといった同時代人との比較で，特にリーマンの解析学における「大域性と定性性」が中心テーマとなるであろう．また，その関数概念の導入において，リーマンによる空間概念の萌芽を見ることになる．

第4章で，いよいよリーマンによる空間概念の考え方を，教授資格取得講演「幾何学の基礎をなす仮説について（Über die Hypothesen, welche der Geometrie zu Grunde liegen）」によって検討する．その準備のため，この章の前半では，第3章で議論されたリーマン面の受容がいかに困難なものであったか，そのためリーマン自身が空間概念そのものの基礎付けをいかに必要としていたか，といった点について素描する．

第5章では，リーマンによって導入された多様体についての理解をさらに深めるため，歴史的なスケールを交えて考察する．前半では，「多様体」という考え方のリーマン以前の系譜について，特にライプニッツ的な位置解析（analysis situs）の視点から考察する．後半では，リーマン自身が教授資格取得講演の中で名指ししているガウス，および哲学者ヘルバルトからの影響について議論する．

第6章のテーマはリーマンによる空間概念の，現代数学への波及効果についてである．リーマンの多様体概念がもたらした数学対象の「新しい実在論」は，その後の集合論の勃興を思想面で準備したと考えられる．この章の前半では，この点について検討する．後半では，特に多様体論における仮説性や物理空間への応用における高い経験論が，その存在規定についての基本理念からどのように導かれ得るのかといった点について議論する．

最後の第7章は，結論の章である．ここでは多様体や集合に代表される現代的な数学対象の本性が，もう一度その基礎に立ち返って検討に付されるであろう．その際，「対象＝多様体＝集合」というパラダイムの中で，これを表象化し，研究の俎上に載せる人間との関係で，パースペクティブの問題や，具体と抽象の弁証法の問題が討議される．その議論の中で，現代的な数学対象の「具体的普遍者」としての動的側面が現出するであろう．

死後 150 年以上経ってなお，リーマンは現代数学に強い影響をおよぼしている．その影響は今日の現代数学の姿のみならず，これから歩むべき発展の道筋をも照らしているかのようである．本書の役割は，その燦々たる光を今一度原点に立ち返って検討し，現代数学のあり方と今後についての議論へと橋渡しすることである．

2017 年 1 月

加藤文元

目　次

図版リスト

- 図 2.1　加藤 [49]，p.217（一部改変）.
- 図 3.1　Bos [7], p.5.
- 図 3.2　Riemann [75], p.96.
- 図 7.1　Kolmogorov, A.N. & Yushkevich, A.P. eds. [57], p.106.

Georg Friedrich Bernhard Riemann

第1章 リーマンとは誰であり何をした人なのか

1.1 その生涯の素描と当時の状況

まず最初に，リーマンの生涯の出来事の素描から始めるべきであろう．しかし，これについてはごく簡単に済ませるつもりである．その理由は，リーマンの生涯の伝記には，特に興味深いものはあまりないからである．フェリックス・クライン（Felix Klein, 1849-1925）は「リーマンの生涯には外見上大きな出来事はない」[1]と言っている．また，近藤洋逸も「リーマンの生涯は波瀾に富んだものではない．牧師を父にもち 1826 年ハノーヴァーの片田舎に生まれてから 1866 年肺患で仆れるまでの生涯は，伝記的興味をそそるものを，何ら持ちあわせてはいない」[2]と述べている．リーマンの生涯は地味で目立たないものであった．しかも，その一生は 40 年に満たない短いもので，彼自身，生涯を通じて病弱で心気症[3]であり，外見的にはいかなる意味でも歴史上の人物たる面影を探すのは困難である．それでもなお，このおそろしく内気で心配性でひよわな人物が，数学の世界ではその想像力の翼を歴史上の誰よりも大きく広げ，誰よりも深遠に，誰よりも高く飛翔したのである．リーマンという人物は，その内気な外面に隠されたパワフルな内面にこそその真の姿を求めるべきなのであって，その外見的生涯の中には，その片鱗を見出すことすら難しい，そういう人物なのであ

[1] クライン [54]，p.254.
[2] 近藤洋逸 [59]，p.212.
[3] ラウグヴィッツ [65]，pp.35-36.

る．

リーマンの伝記として我々が手に入れることができるのは，主に次の二つである．

- デデキント『ベルンハルト・リーマンの生涯（*Bernhard Riemann's Lebenslauf*）』[4)]
- ラウグヴィッツ『リーマン：人と業績』[5)]序章 §§0.1-0.3.

最初のものは，リーマンを個人的に知るリヒャルト・デデキント（Richard Dedekind, 1831-1916）が，リーマンの著作集の初版に寄稿したものであり，リーマンの生涯についての，以後のすべての伝記のもとになっているものである．デデキントはリーマンを個人的によく知っており，リーマンの個人的な状況や，その数学者としての歩みや人的交流についても，簡潔ではあるが，詳しく書かれている．その叙述のタッチは，しかし，旧知の友人によるものにしてはいささかドライであり，文書最後にリーマンの死に際して少々感涙的な叙述が見られることを除けば，基本的には事実のみを淡々と述べたというものにとどまっている．これはおそらくデデキントがリーマンの未亡人など縁者とも親しく，彼らへの配慮もあったと思われるが，その配慮のために書かれなかったことも，おそらく少なくはなかったであろう．この伝記に書かれていないことで，その後の調べでわかったことなどは，上記の二つ目にまとめられている．例えば，リーマンが慢性的なヒポコンドリー（心気症）であったということなどは，未亡人への配慮からか，デデキントの文書にはどこにも書かれていないが，ラウグヴィッツによる伝記の中ではデデキントによる証言を通して明らかにされている[6)].

しかるに，リーマンの伝記については，主に上記の二つを参照すれば，それで基本的にはことたりると信じられる．ここではその伝記についてざっくりとした素描をするにとどめ，細かい点については，のちの章で必要に応じて触れることにする．その際，以下では完全な二番煎じを避けるためにも，時系列的ではな

---

4) Riemann [75], pp.539-558. 邦訳『ベルンハルト・リーマンの生涯』赤堀庸子訳 [76], pp.347-362.

5) ラウグヴィッツ [65].

6) ラウグヴィッツ [loc. cit.], pp.35-36.

く，項目別の記述も部分的にとりいれることにしよう．

ゲオルク・フリードリヒ・ベルンハルト・リーマン（Georg Friedrich Bernhard Riemann）は 1826 年 9 月 17 日に，ハノーファー王国，エルベ河畔ダンネンベルグ近郊の小村ブレゼレンツにて，父フリードリッヒ・ベルンハルト・リーマンと母シャルロッテの長男として生まれ，1866 年 7 月 20 日に，北イタリアのマジョレ湖畔セラスカにて 39 歳で亡くなった．リーマンは 6 人兄弟の 2 番目であり，一人の弟ヴィルヘルムと 4 人の姉妹がいる．父リーマンは牧師であり，リーマンが生まれて間もなくして，一家はクヴィックボルンに引っ越した．それ以来，1855 年に父親が亡くなるまで，クヴィックボルンはリーマンにとって家族と安らげる大切な故郷であり続け，ギムナジウムやゲッティンゲン大学での生活の期間を通じて，しばしばクヴィックボルンに帰郷して，できるだけ多くの時間を家族とともに過ごすようにしていたようである．

リーマンの父親という人は教育熱心な人であったらしく，その家庭教育からリーマンは 14 歳でハノーファーのギムナジウムの第 4 学年に入学できたし，19 歳半の 1846 年復活祭のときには，順当にゲッティンゲン大学に入学手続きをしている．当初は神学を志したが，間もなく数学への興味の強いことを自覚して，自分の好きな数学の勉強を続ける決心をした．というわけで，リーマンの学歴は一見順風なものに見える．しかし，彼が学位を取得したのは 1851 年の終わりの 25 歳のときであり，また教授資格（Habilitation）を取得したのは 1854 年の 27 歳のときであった．同時期に 5 歳年下のデデキントが 1852 年に学位を，1854 年にリーマンの教授資格取得のほんの数週間後に教授資格を取得していたことを考えると，必ずしも早いものであったとは言えない．その原因がなんであったのかについては，はっきりとしたことはわからない．一つには彼の病弱な気質が災いしたのかもしれない．しかし，また彼が自分の学問形成に際して，完全主義的なところがあったこともその理由の一つであろう．リーマンは数学の研鑽のみならず，ヴィルヘルム・ヴェーバー（Wilhelm Eduard Weber, 1804–1891）のもとで物理学のゼミナールにも参加していた．また，それより以前の 1847 年復活祭から 2 年間を，ベルリン大学で過ごしている．これらの豊富な研学経験は，もちろん，リーマンの学問形成に大いにプラスになったものと推察されるが，病弱で完全主義的な彼が多くの物事を同時にテキパキとこなすような器用さを備えていたとは思われず，その意味でも，研究に没頭すればするだけ，学歴の完成は遠のいていったであろう．それはその分だけ，経済的な独立が先送りされることをも意味する．リーマンが父親に書き送った手紙には，父に金銭的な負担を多く強いてしまっていることに対する心苦しさも，ときおり表明されている．

なお，1851年のリーマンの学位論文

- 「複素一変数関数の一般論の基礎（Grundlagen für eine allgemeine Theorie der Functionen einer veränderlichen complexen Grösse）」[7]

については，本書の第3章で検討する．また1854年の教授資格取得に際しての講演

- 「幾何学の基礎をなす仮説について（Über die Hypothesen, welche der Geometrie zu Grunde liegen）」[8]

は，本書を通して一貫した（特に第4章以降の）中心題材である．

リーマンはゲッティンゲン大学での課程の中心を，当初は神学に求めていたのは先にも述べた通りであるが，それのみならず，哲学や教育学の科目もとっていた[9]．一般に19世紀ドイツの科学者は，現在よりも哲学や哲学者との交流が密であり，深い哲学的教養を兼ね備えていることがしばしばであった[10]．リーマンも当初から哲学への深い興味を示しており，このことがのちの教授資格取得講演の形成に大きく作用したと考えられる．このあたりのことは本書ののちの議論，特に第5章以降の議論において重要となる．

リーマンが学生あるいは教員として働いていたころのゲッティンゲン大学やベルリン大学の様子については，ラウグヴィッツの前掲書0.1.5項やフェレイロス[24]第I章4,5節に詳しい．特に，当時のゲッティンゲン大学では数学の教育はあまり進んでいなかったのに対して，物理のコースはヴィルヘルム・ヴェーバーらの存在によって充実していた．リーマンはヴェーバーによる数学・物理

---

[7] リーマン[76]，pp.1-33，Riemann [75], pp.3-43.
[8] リーマン[76]，pp.295-307，Riemann [75], pp.272-287.
[9] Nowak [73], p.19.
[10] Ferreirós [24], p.7.

学セミナーの熱心な参加者であり，ヴェーバーの実験演習のTAにもなっていたという．ゲッティンゲン大学の数学カリキュラムが充実し始めるのは，ガウス（Carl Friedrich Gauss, 1777-1855）の死後，そのポストを天文学と純粋数学に二分することで，ガウスの数学の後任となったディリクレ（Gustav Lejeune Dirichlet, 1805-1859）がやってきて以降のことである．これとほぼときを同じくして，リーマンはゲッティンゲン大学での教員・研究者としてのキャリアを開始することになる．

1854年に教授資格を取得してから，リーマンは私講師として大学で講義できる立場となったが，当初の講義は本人の手紙などによれば，平均的あるいはそれ以上の聴講生をむかえ，それなりにうまくいっていたようである．リーマン自身も講義の準備などに多くの時間を割き，ていねいな講義をしていたようだ．ただ，1855年に父が亡くなり，1857年に一家の生活をほとんど一手に引き受けていた弟が亡くなると，リーマンは残りの姉妹（1858年までに二人が亡くなり，残り二人になっていた）の面倒も見なければならなくなった．それまで自分の肩にかかってこなかった経済的責任という重圧が，一気にリーマンの両肩に降りかかることになる．幸いこのときまでにリーマンの研究者としてのキャリアは順調に進んでおり，1857年11月には哲学部の員外教授に，1859年7月にはディリクレの後任として数学の正教授に任命された．またその名声も広がり，1859年8月にはベルリン科学アカデミーの通信会員に，12月にはゲッティンゲン科学協会の正会員になっている．このベルリン・アカデミーの通信会員になったおりに，それに合わせてクロネッカー（Leopold Kronecker, 1823-1891）の要望に応える形で執筆されたのが，ゼータ関数の零点に関するあの有名な予想の発端となった，素数分布に関する有名な論文

- 「与えられた限界以下の素数の個数について（Ueber die Anzahl der Primzahlen unter einer gegebenen Grösse）」（ベルリン学士院月報，1859年11月）[11]

である[12]．

---

[11] リーマン [76]，pp.155-162，Riemann [75], pp.145-153.

[12] リーマンによるこの論文の内容・意義，および「リーマン予想」に関しては，本書のシリーズ第1巻

このころ，おおむね1858年秋から1862年にエリーゼ・コッホと結婚するまでの間のリーマンは，その短く病弱な人生の中でも比較的に幸福で活動的であった．1858年にはドイツを旅行中であったイタリアの数学者たち，ブリオスキ（Francesco Brioschi, 1824–1897），ベッチ（Enrico Betti, 1823–1892），カゾラーティ（Felice Casorati, 1835–1890）と知り合っているが，彼らとの親交はこれ以後も，リーマンがたびたび病気療養のためイタリアを旅行することで深まっている．また，1860年にはパリに旅行し，当地の数学者たち，セレ（Joseph Alfred Serret, 1819–1885），ベルトラン（Joseph Louis François Bertrand, 1822–1900），エルミート（Charles Hermite, 1822–1901），ピュイズー（Victor Alexandre Puiseux, 1820–1883），ブリオ（Charles-Auguste-Albert Briot, 1817–1882），ブーケ（Jean-Claude Bouquet, 1819–1885）らと交流した．

しかし，1862年の結婚のころから，リーマンは断続的に肺病にかかり，次第に体調を悪化させていった．その療養のため，すでに同年秋から次の年の春までイタリア旅行をしている．しかし，ゲッティンゲンに戻ってきてまもなく，再度体調が悪化したので，その年1863年の秋口には，またイタリアを目指している．滞在先のピサで娘イーダが生まれたのは，この年の暮のことである．再びゲッティンゲンに戻ったのは1865年の10月であり，それから1866年6月まで大学で仕事していたが，体調は相当に悪くなっていた．1866年6月にまたイタリアを目指したが，7月20日マジョレ湖畔にてついに永眠，享年39歳の若さであった．

1.2　後世への影響

本書の主要テーマは，リーマンはなにをした人なのかという問いに対して，その回答の一つの切り口，そしてあまり他の論者によっては強調されてこなかったと思われる切り口を示すことである．もちろん，リーマンの業績については他の切り口も多く存在し，本書だけでこれらについて網羅的に述べることは不可能である．本書が触れられないリーマンの業績の数々については，本書所収のシ

目である黒川 [63] や，鹿野 [52] などを参照．

リーズ「リーマンの生きる数学」[13]の他の巻が詳しく触れるであろう．本書では特に，リーマンによる空間思想の刷新と，その19世紀数学史における意義について検討する．いずれにしてもリーマンの業績を簡単にまとめるということは不可能なことであるし，おそらく不適切なことですらあるだろうが，ここではリーマンの業績の素描について，特にその後世への影響から推し量ることを試みてみよう．

上述のように，リーマンの研究者としての生涯は短く，しかもその最後の数年間は致命的な病気との戦いに費やされていた．リーマンが研究者として活躍できたのは僅々15年程度である．しかし，それでもその現代数学や現代科学への影響は巨大なものであった．実際，リーマンの仕事によって，数学や物理学などの数理科学の多くの分野が，その根本から再編されてしまったと言ってもよい[14]．例えば，本書でものちに検討することになるリーマンの関数論や新しい空間概念は，解析学や代数学，幾何学などの多くの部門の有機的な結合をあらわにし，それらのあり方を根本から変えてしまった．楕円関数論や代数関数論は19世紀初頭から盛んに研究されていた理論であるが，これと射影幾何学を有機的に結合させ，現代的な代数幾何学という新しい学問潮流を形成したのは，ひとえにリーマンのこれらの仕事があったからである．しかし，リーマンの関数論は代数関数論の一部には決して還元され得ない[15]，広範な意味での解析学として深遠な内容を含んでいる．リーマンの「面」による関数論は，その新しい大域的・定性的アプローチを解析学にもたらし，そのため，特に閉リーマン面の場合には「リーマンの存在定理」を通じて，その大域的・定性的解析学の視点から代数関数論という学問自体をまったく新しいものに刷新してしまった．しかるに，リーマンの理論は代数幾何学という潮流の源泉であるとはいえ，ポテンシャル論からのアプローチや，それによって支えられる広大な解析的現象の沃野といった，それだけでは語りつくせない壮大なものである．

---

[13]「リーマンの生きる数学」全4巻．『リーマンと数論』（黒川信重著），『リーマンと解析学』（志賀啓成著），『リーマンと幾何学』（勝田篤著），および本書『リーマンの数学と思想』（加藤文元著）．

[14]ボタチーニ [8]，p.240：「彼〔リーマン〕は約15年間，数学の世界で活躍したにすぎなかったが，リーマンの現代科学への影響は巨大なものであった．数学のあらゆる分野は，もしそれらがまだ完全に新しくなっていなかったなら，彼の仕事により，再編されて新しい基礎の上に置かれた．」

[15]3.3.4項参照.

このことからもわかるように，リーマンの仕事は，それがいかに代数関数論や数論，ひいては代数幾何学などのように代数学や幾何学などの文脈に大きな影響をおよぼしたものではあっても，その広い背景に目を転じれば，ほとんどすべてが解析学についてのきわめて深遠な思想から湧き出ていることがわかる[16)]．したがって，リーマンの業績を，幾何学や代数関数論などの諸分野に投影して，その意義を推し量ることは許されても，これら諸分野の一部だとしてしまうことは，その理論の不当な矮小化につながるだろう．実際，19 世紀末まで，主にポテンシャル論の理論的基盤整備が不足していたことにより，リーマンの仕事はなかなか本格的には受容されず，主に代数関数論などのかぎられた範囲でしか，その「面」によるアプローチは注目されていなかった[17)]．しかし，本来的にはリーマンの業績はその解析学への新しいアプローチ，それまでの式変形一辺倒のやり方から脱皮した大域的・定性的なアプローチに端を発するのであり，逆に言えば，そこから生まれる数学のやり方が，代数学や幾何学などの現代数学のほとんどの分野において革新的な理論形成につながっているところが，その真に驚異的なところなのである．

> 「現代数学の基礎的な諸部門が，リーマンの解析に端を発するのは驚異的である．カントルは，三角級数についてのリーマンの論文の問題をさらに追求していて，集合論に到った．リーマンの複素解析には，トポロジーについての最初の系統的な考えが見出される．つまり，収束構造を備えた多様体の集合論的トポロジーも，それから，連結数，種数，いわゆる第1ベッティ数といった普遍量の意味も示されているのである．」[18)]
>
> 「リーマンの考え方はいぜん強力な発酵剤として関数論の全分野に今日に至るまで比類のない真価を発揮している．」[19)]

リーマンからの直接的な学問的影響はドイツ本国やフランスなどの北部ヨー

[16)] ラウグヴィッツ [loc. cit.]，p.53：「リーマンの業績は，徹頭徹尾解析学に属するとみなされるべきである．」

[17)] 例えば，第 4 章，脚注 4 を参照．現在でもこの 19 世紀的誤解の残滓は所々で散見される．

[18)] ラウグヴィッツ [loc. cit.]，p.154.

[19)] クライン [54]，p.392.

ロッパにおいてよりも，むしろ病気療養のために訪れたイタリアにおいて大であった．上に述べたように，リーマンはその死の数年前から，活発にイタリア人数学者たちのグループと交流していたが，この間，彼らに少なからぬ影響を与えたことはほぼ間違いない．そして，イタリアでは他のヨーロッパ諸国と比べて，数学の19世紀的近代化がまだ始まったばかりであったことも，リーマンによる新しい数学のやり方を素直に受容できる素地であったであろう[20]．特にピサではベッチ[21]らの他にベルトラミ（Eugenio Beltrami, 1835-1900）とも交流しているが，ベルトラミが1868年という早い段階で，擬球による非ユークリッド幾何学の部分的モデルに到達しているのは，おそらくその背景にリーマンからの薫陶があったものと推察される．また，ベッチ自身も初期の位相幾何学の推進者として，リーマンの影響を強く受けたイタリア人数学者の一人であったが，その弟子のエンリケス（Federigo Enriques, 1871-1946）は，のちの「イタリア学派」として知られるイタリア代数幾何学の全盛期の立役者の一人である．イタリア学派は主にクレモナ（Luigi Cremona, 1830-1903）によって創始され，カステルヌォーヴォ（Guido Castelnuovo, 1865-1952），エンリケス，セヴェリ（Francesco Severi, 1879-1961）によってその全盛期（おおむね1885年から1935年にかけて）をむかえた．その直観的代数幾何学は，現代的な厳密さからは多少なりともかけ離れたところもあったが，特に代数曲面の双有理幾何学において驚くほど正確な理論をもたらし，のちの現代的な双有理幾何学の礎となった．実際，この全盛期イタリア学派の空気の中で育ったのが，のちの広中平祐（1931-），マイケル・アルティン（Michael Artin, 1934-），マンフォード（David Mumford, 1937-）の師であるオスカー・ザリスキー（Oscar Zariski, 1899-1986）である．ザリスキーは1921年ローマ大学に来た当時のことを，次のように回想している．

「この大学のこの学部で3名の偉大な数学者に知り合えたことは，大変

[20] ラウグヴィッツ [loc. cit.]，p.53：「イタリアの数学者たちに，リーマンの解析学と幾何学の新しい考えを受容する能力があったことは疑問の余地がない．しかしまた，ドイツやフランスやイングランドのような，学問的伝統に束縛された確立したシステムと違い，イタリアでは……新しい始まりという歴史的状況のもとで，新しい考えが広まるチャンスも多かった」

[21] ラウグヴィッツ [loc. cit.]，p.154：「エンリーコ・ベッティ（1823-1892）は，リーマンと親しかった．しかも後者から強く影響を受けた．」

> 幸運だった．G. カステルヌオヴォ，F. エンリケス，F. セヴェリ，まさにこの3名の名は，今や古典代数幾何学の象徴である．」[22)]

この古典代数幾何学を象徴する3人の一つ前の世代こそ，リーマンの直接の薫陶を受けた世代なのである．

かくして，リーマンによる新しい解析学のアプローチは，解析学のみならず，代数関数論や幾何学一般に深い影響を与え，それらを根底から刷新し，現代的な方向へと向かわせる原動力となった．それでは，このような大規模な数学上の地殻変動をもたらした，真の原因はなんだったのであろうか．すなわち，その解析学の新しいアプローチを可能とし，ひいては当時の数学全般に深い影響をおよぼしたという，その根底には一体なにがあるのだろうか．これらの問いに答えることが本書のテーマである．本書ではこれらの問いに対し，19世紀西洋数学というエポックが，リーマンの数学の背景で通奏していた「存在論的革命」[23)]という視点から切り込んで行こうと思う．

---

22) パリク [74]，p.17.

23) Gray [35].

Georg Friedrich Bernhard Riemann

第2章 西洋数学の「19世紀革命」

リーマンの数学や数学に関する思想を読み解く上で，リーマンをとり巻く当時の数学界の状況が広く数学史の文脈の中でどこに位置付けられるのかを，ある程度はっきりさせておく必要があるだろう．リーマンは19世紀ヨーロッパの人であるから，19世紀までの西洋数学史の流れを押さえておくことが，さしあたっては重要である．リーマンの活躍した19世紀という時代は，西洋数学史だけでなく数学全体の歴史の中でも，実はきわめて重要かつ特異なものであった．しかも，その中にあって，リーマンの業績はさまざまな意味合いにおいてきわめて影響力の大きい顕著なものだったのである．本章では，その「19世紀西洋数学」というエポックが，数学史全体の中でどのように位置付けられ，いかなる意味をもっているのかについて簡潔に概観することにする[1]．

2.1 西洋数学史における四つのエポック

2.1.1 西洋数学史

西洋数学史と一言で言っても，もちろんそれは非常に複雑な含蓄をもった歴史である．もとより，どこからどこまでが〈西洋の〉数学史なのか，なにをもって〈西洋の〉とするのかという点が，すでに大きな問題をはらんでいる．図2.1を見てもらいたい．この図は筆者が以前別のところ[2]で示したものに若干修正を加えたもので，数学の地域的伝統とそれらの間の相関を大まかに図示したものであ

[1] なお，19世紀西洋数学についての文献として有名なものにクライン[54]や高木[88]，さらにKolmogorov-Yushkevich [56, 57]がある．

[2] 加藤[49]，第8章．

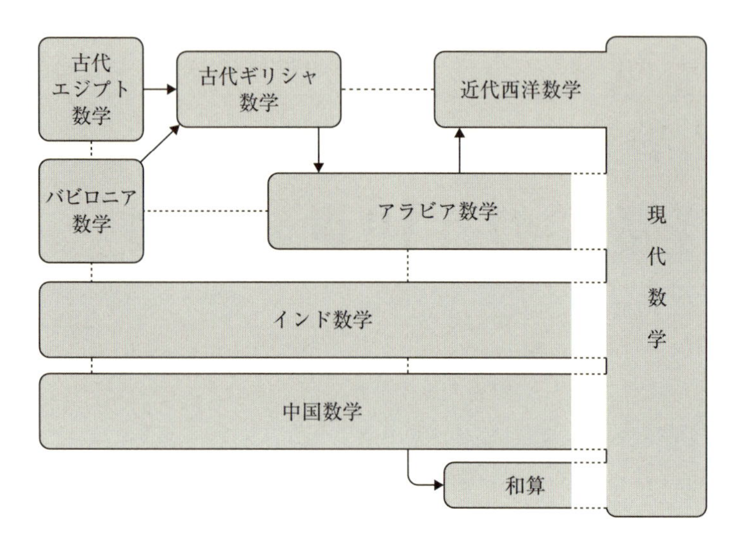

図 2.1　数学史連関図

る．それぞれのボックスの大きさは必ずしも時間の長さや地域の大きさに比例しないし，またそれらの上下関係，時系列的位置も正確なものではないが，大雑把に左から右に向かって時代が新しくなっており，数学史の流れがエジプト，メソポタミア，インド，中国の四大文明発祥地に対応した大まかな地域割りにおいて示されている．もちろん，この図は大雑把なものであり，地域的な数学の伝統のすべてを網羅的に示したものですらない．あくまでも，数学史の流れを大まかに鳥瞰する上の便宜を企図したものである．また，図中の矢印は知識の流出・流入による影響を表しているが，実際のところ，知識の伝播をもたらす人的交流が古くから活発に行われていたことは確実であり，具体的に特定できない影響関係は数多く存在したであろう．そのため，なんらかの意味で関連しあっていると思われるもの同士は点線で結んである．図を見るとアラビア数学やインド数学，中国数学，さらに和算などは，近代西洋数学から発展した「現代数学」にすっかりとって替わられてしまっているかのような印象を与えるが，これについても多少注意が必要である．

さて，この図で見ると，いわゆる「西洋数学」は右上のあたりに少しばかりあるだけで，その伝統は実はとても新しいものだとの印象を受けるかもしれない．それはある意味正しいとも言えるが，西洋数学とはむしろ，それが本格的に始まる前のさまざまな数学，例えば古代バビロニア数学や古代エジプト数学，ギリシャ数学，さらにはアラビア数学といった多種多様な数学の伝統が一気に流入することで形成された数学の歴史的流れなのであるととらえた方が，より本質を摑んでいると思われる．西洋数学は遠く古代の源流から，複雑な歴史の紆余曲折をたどってきた．西洋数学の歴史について語ろうとするのであれば，必然的にそれに流れ込む数々の数学史に触れなければならない．逆の言い方をすれば，このように多種多様な数学の伝統が直接・間接的に影響し合って形成されたということが，西洋数学の特徴の一つなのだと言える．つまり，インド数学や中国数学などに比べて，西洋数学は多種多様な数学伝統が混じり合った〈ブレンド数学〉としての特徴が顕著なのだ．

このような事情を踏まえて，西洋数学史の大きな流れという視角で概観したときに，19 世紀までの西洋数学の歴史は，以下のようなエポックに分けて考えると便利である[3)]．

- 源流：古代文明期からアラビア数学期
- 12 世紀ルネッサンス
- 17 世紀：西洋数学の本格的始動
- 19 世紀革命

最後の「19 世紀革命」について考えることが本章の目的である．そこで，まず初めに「19 世紀革命」にいたる手前までの状況について手短に述べておこう．

2.1.2 西洋数学の源流

西洋数学の源流はメソポタミア，エジプト，ギリシャなどの古代文明にまで遡ることができる．これらの古代文明における黎明期の数学が，単なる実用的計算術の域を出ないものでは決してなかったことは，現在では非常によく知られている．これについてはノイゲバウアー [71] やサイデンベルク [81][82] による研究があり，比較的最近ではファン・デル・ヴェルデンの有名な本 [90] がある[4)]．

[3)] 加藤 [48]，第 3 章，§2.

[4)] また，ファン・デル・ヴェルデン [91] では，古代文明の数学史に関する研究が総体的に議論されており，特に「三平方の定理」やそれに関連した「ピタゴラスの三つ組」などの話題が魅力的に語られて

西洋数学への古代数学の直接の影響という点では，特にギリシャ数学において演繹的数学が始まったということが重要である．「演繹的数学」とは，その萌芽が『ユークリッド原論』などに典型的に見られるもので，考察する対象を「定義」し，それらの性質を「公理・公準」として規約し，そこから命題論理の手順に忠実にしたがって「定理」を証明するというスタイルの数学である．この伝統は西洋数学に受け継がれ，上述の〈ブレンド性〉と並んでそのもう一つの特色となっている．

しかし，西洋数学の源流はこれだけにはとどまらない．その歴史を考える上で重要なのはイスラム文化の影響である．ギリシャ文明において独自の形態を発達させた古代ギリシャ数学は，ヘレニズム期においてすでにきわめて高度なものに発達していた．しかし，ヘレニズム期以後，ギリシャ世界の数学・科学・哲学などの学問的知見は西欧文化圏にはほとんど拡散しなかった．確かに，西欧中世にも多くの文化的発展があったのも事実であり，そのため「中世＝暗黒時代」という図式は最近ではあまり用いられなくなってきている．そうは言っても，7 世紀ころまでの西欧地域の状況が政治的にも文化的にも悲劇的であったことは確かであり[5)]，しかるに中世初期の西欧社会は数学や哲学のような高尚な学問を論じるような状況ではなかったのである．ボエティウス（Anicius Manlius Torquatus Severinus Boethius, 480–524），カッシオドルス（Flavius Magnus Aurelius Cassiodorus Senator, 480–573），セヴィーリャのイシドルス（Isidorus Hispalensis, 560–636），ベーダ（Beda Venerabilis, 673–735）といった少数の人々がギリシャ文化を忘却から救い出して西欧世界に引き渡そうと努力したが，時代の流れに抗することはできなかった．

こうして，ギリシャ文化圏の学問的知見は，そのほとんどが西欧文化圏からは長い間忘れ去られることとなった．しかし，その一方でギリシャ文化の知見は 5～7 世紀にかけてシリア文明圏に引き渡され，これによって「シリア・ヘレニズム」と呼ばれる一時代が築かれることになる．そしてその知的遺産を引き継いで，さらに大きく発展させたのがアラビア人[6)]であった．このアラビア数学は約

いる．

5) そのため，例えばル・ゴフ（[66]，p.60）は中世初期のこの時代に限定して「暗黒時代」という表現を復活させてもよいと言っている．

6)「アラビア数学」と一口に呼ばれる数学の担い手がアラビア人たちだけだったというわけではない．ま

8 世紀も続く歴史的スパンの長いものであり，しかもインドや中国などの数学をもとり入れることで深い含蓄をもつ壮大な学問体系に成長した．

アラビア数学から西洋数学が受けとったものの中で，特に重要なものが二つある．一つは 10 進位取り記数法であり，もう一つは本格的な代数学である．そもそも，ギリシャ数学においては――ピタゴラス学派による「通約不可能量」の発見もあって――対象としての〈量〉概念は数ではなく，線分などの幾何学的図形によって量を表現するという顕著な傾向を有していた．そのため，彼らは徹頭徹尾，図形的な議論を演繹的に行うということに重心を置き，数の計算術や代数的手法などを発達させることはなかった．彼らは「証明はしたが計算はしなかった」[7]のである．これによって公理的・演繹的手法という貴重なものをギリシャ数学は後世にもたらしたのであるが，その反面，なにが〈正当な〉議論の作法であってなにが〈正当な〉対象なのか，といった点について自分たちの考え方をきわめて強く束縛したのであった．

そのような中にあって，アラビア数学からもたらされた 10 進位取り記数法と代数学は，西洋数学の担い手を新たな見識に目覚めさせるだけの斬新さがあった．10 進位取り記数法は数の計算術を飛躍的に向上させ，学者ではない一般の人々，特に日頃から商取引で計算を必要とする商人階級の身分を向上させた．このことは，のちの西洋数学の草の根レベルからの発展に寄与することになる．また，代数学は機械的な計算手順を経ることで結果を出すという，それまでの論証一辺倒だったギリシャ的幾何学にはなかった新しいスタイルの数学の可能性に人々を目覚めさせた．今日でも代数学は「アルジェブラ（algebra）」と呼ばれているが，これはアラビア代数学の生みの親であるアル=フワリズミー（al-Khuwārizmī, 9 世紀頃）の著書『ヒサーブ・アル=ジャブル・ワル=ムカーバラ』（アル=ジャブル（結合・移項）とアル=ムカーバラ（縮小・簡約）の書）の題名にある「アル=ジャブル」から由来している[8]．アル=フワリズミーの代数学は後

た，それがイスラム教徒だけだったというわけですらない．「われわれがアラブ人の医術や哲学や数学について言うとき，その学問とはアラビア語の書物に書かれているのであるが，それを書いた人々はシリア人，ペルシア人，イラク人，エジプト人，アラビア人――キリスト教徒，ユダヤ教徒，イスラム教徒――であり，またその資料はギリシア語，アラム語，ペルシア語，その他の材料から集められている．」（ヒッティ [41]，p.199）

[7] 加藤 [49]，第 7 章

[8] 例えば，伊東 [42]，p.322 を参照．

期ギリシャ数学の中に見出される萌芽的な代数学（例えば，ディオファントス（Diophantus of Alexandria, 3世紀）によるもの）の特徴と，インド的な算術の特徴をも兼ね備えている．例えば，2次方程式には二つの根があることや，無理数も（ギリシャ人のように線分としてではなく）一つの自立した数として考えていたことは，アル=フワリズミーの代数学におけるインド的影響の顕れと見なすことができる[9]．

2.1.3　12世紀ルネッサンス

さて，上述の通り，初期中世の西洋社会は不安定で悲劇的であったが，時代が進んで9世紀から13世紀にかけては，社会的にも文化的にも比較的に豊かで安定した時代であった．その背景には，この時代のヨーロッパがそれ以前と比べて温暖な気候に恵まれ，それによって食料増産・人口増加がもたらされたことが指摘されている[10]．さらに三圃農法の普及や農具の改良に伴う農業革命は，ル・ゴフをして〈10世紀ルネサンス〉[11]と言わしめる変化をヨーロッパ社会にもたらした．食料増産によって商業が発達し，遠隔地間の交易が発展する．また，自治的な精神に満ちた新興都市は，新しい都市文化を育んだであろう．これら文化の新しい担い手として，いわゆる知識人層が形成され，各都市には大学が成立する．

そのような中，レコンキスタやノルマン人によるシチリヤ征服，さらにはヴェネチアやピサなどの交易都市における東西の密接な商業活動などがきっかけとなって，イスラム世界と西欧世界との間に活発な学問的交流が生じた．世は十字軍の時代であり，戦乱の世の中である．しかし，実際には平和な時代の方が戦争の時代よりも長かったのであり，西洋人と東方人との間に人種・宗教の違いを超えた友好的な関係が築かれる機会も十分にあった[12]．

こうして西洋の知識人たちは，イスラム世界の伝統の中に，西欧世界には伝わってこなかったギリシャ・ローマの遺産の多くを発見することとなった．の

[9] カジョリ [13]，p.217.
[10] Stark [84], Chap. 7.
[11] ル・ゴフ [66]，p.92.
[12] ヒッティ [41]，p.270.

みならず，彼らはアラビア文化圏の人々がこれらの文化的遺産をさらに発展させ，きわめて進んだ科学や数学の知見を有していることに気づいたのである．例えば，のちにローマ法皇シルヴェステル二世となるゲルベルトゥス（Gerbert d'Aurillac, 930 頃-1003）はスペインのイスラム科学と接触した先駆者の一人として知られているが，彼はアラビア数字による 10 進位取り記数法を，いち早く西欧世界に紹介した[13]．

時代が進むに連れて，このような文化的接触はさらに頻繁となり，イスラム世界の進んだ学問が次第に西欧社会の人々の耳目を集めるようになる．こうして，12 世紀西欧の知識人たちはこぞってイスラム世界の学問書をアラビア語からラテン語に翻訳し始めた[14]．西欧文化圏はユークリッドの『原論』やプトレマイオス（Claudius Ptolemaeus, 83 頃-168）の『アルマゲスト』[15]などのギリシャ・ローマ由来の書物を，最初はアラビア語訳からのラテン語訳という重訳によって得たのである．この大翻訳運動と，それによって引き起こされた知的回復運動をハスキンズ（Charles Homer Haskins, 1870-1937）は「12 世紀ルネッサンス」と呼んだ[16]．

今日，西洋の数理科学の歴史を語る上で，その源流として古代ギリシャの数理科学を最初に語ることが当たり前のこととされており，のみならず，西洋科学こそギリシャ科学の遺産の正当な継承者であることが自明のこととして語られている[17]が，その歴史には実は上述のような紆余曲折がある．12 世紀以前の西欧社会は，前述の「悲劇的」暗黒時代から少しづつ安定を獲得しつつある状況の中で，文化的には当時のイスラム社会に比べて決定的に遅れをとっていた．12 世紀ルネッサンスを通じて西欧社会がイスラム科学を吸収することがなければ，今日のような西洋科学の姿もなかったであろう．例えば，西洋科学はアリストテレス（Aristotelēs, 前 384-前 322）による古くからの学問的ドグマを超克して近代

[13] 伊東 [44]，p.253.

[14] 大翻訳活動の端緒には，占星術人気による関連文献の需要の高まりもあったようである（山本義隆 [100]，p.157）.

[15] そもそも『アルマゲスト（*Almagest*）』という書名自体がアラビア語による書名の音訳である.

[16] Haskins [39]．また，「12 世紀ルネッサンス」については伊東 [43] や伊東 [44]，第 8 章などを参照.

[17] 伊東俊太郎は『文明の誕生』（[45] 所収）の中で，このような「単線的」な歴史系譜の見方を批判している.

化を成し遂げたというのが通説的見方であるが，その基層にあるアリストテレスの学問すら，ヨーロッパはイスラム社会からその大部分を輸入したのである．確かに上述のボエティウスは，アリストテレスの論理学の著作のいくつかをラテン語に翻訳することで，その後の西欧社会に遺産として伝えたが，それより他のほとんどの著作，例えば『自然学』，『霊魂について』，『天界について』，『生成と消滅』，『形而上学』などは12世紀ルネッサンスを通じてイスラム社会からもたらされたものばかりである．そしてこれらが，おおよそ17世紀ころまでヨーロッパの学問風景の中で支配的な役割を果たすことになる[18]．

2.1.4　17世紀：西洋数学の本格的始動

こうして西欧社会は，主にアラビア世界からの知識輸入によって，古代ギリシャ数学を始めとした古代文明の数学を継承し，それと同時にインド由来の代数的・算術的数学の知見も引き継ぐこととなった．この豊かな数学的土壌を西欧が十分に咀嚼し，その基礎の上に彼ら独自の数学を開始するのは，しかし，まだ何世紀もあとのことである．とはいえ，その発展途上の中にあっても，すでにのちの近代西洋数学の特徴となるような萌芽的動きは始まっている．

例えば，すでに14世紀までの西洋では，その自然哲学の興味の中心に「数理的動力学」があり，このことは本書のあとの議論との関係においても重要である．ブラッドワーディン（Thomas Bradwardine, 1290–1349）はすでにアリストテレス的な見方に抗して，物体の運動の説明に数学が欠かせないとの強い信念を表明しており[19]，彼を含むいわゆる「マートン学派（オクスフォード学派）」は運動学の幾何学的・算術的展開を推し進めていた．そもそも，物体の運動を記述するために数学が使える，ということだけでも当時としては新しい見方だっただろうと推測されるが，彼らはすでに14世紀において「瞬間速度」や加速度の概念に（その定義には循環論法が避けられなかったにしても）到達しており，それらが運動の記述のために重要なものであることを十分に認識していた[20]．また同時代のニコル・オレーム（Nicole Oresme, 1323頃–1382）は，一般的な

---

[18] 例えば，Hannam [38], p.71.

[19] Hannam [38], p.176.

[20] グラント [33]，p.160，Youschkevitch [103], p.48.

「質」の変化の数学的記述という考え方をすでに表明しており，萌芽的な直交座標のアイデアをもっていた．これらの見方が変量・変数概念を経由して，西洋数学独自の「関数概念」にいたる重要な端緒を形成していることは重要である[21]．

運動学への数学の適用という発想の背景には，中世西洋の自然哲学における経験主義がある[22]．この「経験主義」は，現在の我々が理解しているような実験科学的なものではないが，主に思考実験の結果を数学を用いて精密に記述しようとするものであり，ガリレオ（Galileo Galilei, 1564–1642）の有名な「〔自然の〕書物は数学の言葉で書かれている[23]」という考え方の先駆けともなった．この例のみならず，後期中世の西洋数理科学は経験主義的・実際的な色彩を次第に濃くしていくのであるが，ここには 15 世紀および 16 世紀を通じて，数理科学の担い手が学者階級から職人・商人などの平民階級に次第に広がっていったという重要な背景がある．

この実用的数学の発展は，ギリシャ以来のユークリッド『原論』的な重々しい論理至上主義的数学とはまったく異なる，新たな歴史の流れを形成している．その西欧社会における端緒には 13 世紀初頭のフィボナッチ（ピサのレオナルド（Leonardo Pisano），1170 頃–1250 頃）による著作『算盤の書（*Liber Abaci*）』（1202）がある．この著作を含めた彼の著作によって，もともと商人階級の出であったフィボナッチは，アラビア由来のインド・アラビア的算術をヨーロッパに紹介するという明確な意図をもっていた．これを皮切りに，商人階級を中心とした実用的数学は，活版印刷の普及や俗語による出版ブームなどを追い風として急速に発展することになる[24]．

15 世紀および 16 世紀を通じて，ギリシャ以来の伝統的幾何学と，商人などの新興勢力による実用的な算術・代数的数学との間には，おそらくその担い手の属する階級の違いという社会的な摩擦をも背景とした，長い相克があったことは容

---

[21] ギリシャ数学には関数関係の萌芽を見いだすことはできない．実際，ギリシャにおいては運動学は哲学の主題でこそあったが，定量的な動力学として考察されたことはなかった．そのため，例えばディオファントスなどにおいては未知数に値を代入するとか，値やラベルを置換するとかいう意味での変数の萌芽はあったが，〈動く・流れる量〉としての変数概念は見られない．例えば，Youschkevitch [103], p.44 参照．

[22] Grant [32], p.168.

[23] Galileo [27].

[24] 山本義隆 [99]，第 5 章．

易に想像できる[25)]．しかし，時代が進むにつれ，この二つの数学をも含んだ大きな枠組みとしての単一の数学，いわゆる「普遍数学」の構想を抱く人々が現れてくる．例えば，デカルト（René Descartes, 1596–1650）もその一人であった．デカルトはこの二つの数学の対立を，次のような対立軸を介して理解していた．古代の幾何学の定理や証明はそれ自体としては理解可能であるが，しかしそもそもそのような推論にいたる動機や過程がまったく示されていない．しかるに，ギリシャから伝承された数学（幾何学）より他に，その推論過程や発見技術をも与える〈真の数学〉があるべきである．そして，それは代数学的なものであったに違いないとデカルトは考えていた[26)]．つまり，既存のギリシャ的，論証数学的な幾何学に対して，代数学は発見術を与えるという役割を担った学問なのだというわけである[27)]．

実際，代数的な手法によって，ユークリッド以来の幾何学を発見的・構成的に再解釈しようとする動きがあったことは事実であり，このような試みの中から真に西洋に独自の，つまり〈輸入型〉数学を脱却した西洋数学の本格的な発展が始まるのである．ただし，ここで代数的・算術的数学はギリシャ以来の伝統的幾何学に比べて，その正当性については衆目の一致するところではなかったし，それらは数学として十分に論理的かつ厳密に運用できる学問にまで鍛えあげられる必要があった．そんな中，ヴィエト（François Viète, 1540–1603）による「記号代数学」が導入されたのである．アル=フワリズミーの代数学は主に文章によって式を書き，文章によって式を変形するという形の，いわゆる「修辞的代数学」であったが，ヴィエトはこれを（未知数のみならず既知数をも）徹底的に記号化することによって，その理論の運用を体系化・原理化した．これら一連の動きによって，数学は次第にその全体が〈算術化〉されていくことになる．そしてその延長線上に，17世紀数学史におけるもっとも英雄的な出来事である，ニュート

[25)] 例えば，ウォリス（John Wallis, 1616–1703）による次のような述懐もある．「当時数学は「学術的な学科と見られることは少なく，むしろ商人，貿易商，船乗り，大工，測量師などの職人向けの学科と見られていた」．数学は若い紳士の受ける正しい教育の一部とはまったく見られていなかった」（アレクサンダー [2]，p.245）．

[26)] デカルト [19]，規則第四．

[27)] 古代ギリシャ人が彼らの演繹的数学の他に発見的な数学を密かにもっていたに違いないという考えは，デカルトのみならず，ライプニッツにもあり，これが彼をして「位置解析（analysis situs）」に向かわせた．De Risi [18], p.22 参照．

ン（Isaac Newton, 1643-1727）とライプニッツ（Gottfried Wilhelm Leibniz, 1646-1716）による「微分積分学の発見」がある．

微分積分学の発見にいたる流れの中には，例えば「無限小」概念を巡る存在論的論争など，数学思想の観点からもきわめて興味深い題材が多くあるが，その詳細は他書[28]に譲ることにするとして，ここでは話を先に進めることにしよう．しかし，この 12 世紀ルネッサンス以降 17 世紀までの間の西洋数学の揺籃期には，上述のように，西洋数学独自の重要概念である「関数概念」の萌芽が，すでにはっきりとした形で胚胎されていたことは，ここでもう一度強調するだけの価値がある．実際，のちのリーマンについての議論の中で，我々はこの関数概念の変遷という文脈における重要なエポックを見出すことになるからである．

2.2 西洋数学の 19 世紀革命

2.2.1 「量による数学」から「概念による数学」へ

17 世紀の本格的始動以降，19 世紀終わりころまでの約 200 年間の西洋数学史を鳥瞰する上でひときわ目を引くのは，考察する対象そのものこそ少なくとも表面的には同じであっても，それらの考え方・使われ方がこの 200 年の間に大幅に変化したということである[29]．例えば，数というもの一つとってみても，その違いは歴然としている．19 世紀より前の数学においては，数学の対象そのものの存在論的意味を数学の文脈の中で改めて問い直すというようなことは，ついぞなかったと言ってよい．例えば，「数とはなにか」と問われるようなことはなかった．数にせよ，ユークリッド幾何学に現れるような直線や三角形にせよ，それらは確かに外界の事物そのものではないが，数学的な直観的所与としては自明なものだと考えられていただろう．数学とはこれら直観的・感性的所与の抽象的表象物を考察する学問なのであり，表象こそが数学の対象であった．哲学でこそ

[28] 例えば，Boyer [10], Chap. V, 加藤 [49]．第 9 章やアレクサンダー [2] など．

[29] Gray [35], p.245: “[T]here was a revolution in mathematics in the nineteenth century because, although the objects of study remained superficially the same, the way they were defined, analysed theoretically, and thought about intuitively, was entirely transformed. This new framework was incompatible with older ones, and the transition to it was much greater than scientists are accustomed to.”

それらの意味を俎上に載せることは確かにあったが，それらの議論は存在論的というより，認識論的な文脈で行われることが常だった[30)]．しかし，19世紀も末になると，例えばデデキントの1893年の著作のタイトル『数とは何かそして何であるべきか（*Was sind und was sollen die Zahlen?*）』[31)]にも明瞭に顕れているように，数学の対象そのものの存在論が真正面から問われるようになる．この違いこそ，19世紀西洋数学で起こっていた大規模な思想的シフトの一つの顕れである．

19世紀以前の西洋数学では，その対象に対する認識の根底に「素朴な抽象」とでも呼べるものがあった[32)]．つまり，数学の対象とは基本的には外界の事物に関係したもの，人間の認識能力によって分節化された感性的自然の理想化によって，一定の秩序のもとに配列され純度を高められた，直接的ないし間接的抽象化による表象に他ならないという考え方である．外界には完全な円や完全な三角形というものは存在しないが，我々は外界の事物を見ることで，それらのもつ性質を抽象化・理想化し，例えば幅のない線や完全な図形といった直観的抽象物に（いわば心眼において）達することができる．そして，そのような事物の理想化された（直接または間接的な）表象，あるいはそれに基づいた心的直観物こそが，数学の対象なのであるというわけだ．

その意味で，18世紀までの古典的な数学の対象観は「表象＝対象」という明快なものであった．しかも，表象は現実の物自体的自然と表裏一体の関係にあり，そのため自然の抽象化という表象に基づいた理念的な正しさと，現実世界における実際的正しさの間には，自明で無批判で幸福な一致があったと言ってよい．実際，このような理念と現実の一体性，あるいは表象と自然自体との共犯関係というドグマを無批判・無意識に受けいれながらも，古典主義時代の数学は微分積分学やその力学や天文学への応用において目をみはるような成功をおさめてきたのだ．しかるに，19世紀になるまでの幸福な時代の数学は，この「表象＝

30) カント[51]，第11節：「純粋数学がア・プリオリな綜合的認識として可能なのは，この学が感官の対象以外のいかなる対象にも関係しないからである．感官の対象の経験的直観の根底には（空間および時間という）純粋直観が，実にア・プリオリに存する，そしてこの経験的直観の根底に純粋直観が存し得るのは，純粋直観が感性の単なる形式にほかならないからである．」

31) Dedekind [16].

32) Gray [35], p.228.

対象」という対象観に対して格別の疑義を呈する理由はなかったはずである．

このような古典的対象観の非常に洗練されたものの一つは，カント（Immanuel Kant, 1724-1804）による数学対象の認識論であろう．カントによれば，純粋数学は，それが感官の対象だけに関わることによって客観性を確保するが，その対象は物自体の表象ではなく，表象を可能にする直観の形式にある[33]．この見方は確かに外界的事物の直接的表象という素朴な対象観からは一歩踏み出ており，対象の存在様式を認識論的に深めている点で，それまでの古典的な見方からは一線を画していると言えるであろう．その意味では，カントの認識論批判は古典的な数学の対象観から，後述するような近代的なものへの転換の，先駆的な端緒表明になっているとも見ることができるのである．しかし，カントによる対象も感官による表象という，もうそれ以上は存在論的意味を問われることのない所与に，直接・間接の違いこそあれ関わることによって成立するものなのであり，その意味では存在論的には自明である．そしてそれが存在論的に透明であるからこそ，カントにおいてもそうであったように，数学対象の哲学的分析においては，それらに関する存在論は問題とはならず，もっぱら認識論的分析が主要な位置を占めていた．

もう少し数学寄りな言い方をすると，このころの「素朴な抽象物」の数学がもっぱらその対象としていたのは，感官による対象の定量的表象，すなわち測定によって与えられる〈量〉であった．量は存在物でも，あるいは物自体の表象でもないが，それらと間接的に関わる表象である．例えば 18 世紀のオイラー（Leonhard Euler, 1707-1783）は「数学とは量の科学に他ならない」と述べている[34]．つまり，数学とは存在物に関わるものではなく，それらの表象に関係した量を相手にする科学なのであり，量の間の諸関係を数式によって記述することを目指す学問なのだというわけである[35]．

---

[33] カント [51]，第 1 章注 1.

[34] Ferreirós [24], p.42: "Erstlich wird alles dasjenige eine Grösse genennt, welches einer Vermehrung oder einer Verminderung fähig ist, oder wozu sich noch etwas hinzusetzen oder davon wegnehmen lässt... indem *die Mathematic überhaupt nichts anders ist als eine Wissenschaft der Grössen*, und welche Mittel ausfündig macht, wie man dieselben ausmessen soll."（強調筆者）

[35] このことは，とかく現代数学がさまざまな「モノ」——例えば，多様体とかベクトル空間とか——をあつかっていることとはきわめて対照的なことだと理解されるべきである．例えば，多様体の幾何学

しかし，時代が進むにつれ，このような〈量〉の数学，つまりもっぱら量の関係を数式で表現するというスタイルの数学は次第に行き詰まりを見せてきた．数式はますます複雑なものになっていったし，それを変形し望みの結果に導くための議論の方法もだんだん詳細を極め，難しいものになっていった．それだけでなく，連綿とした式変形の連鎖だけで解決可能な問題自体が次第に枯渇していったであろうし，そのため多くの数学者の仕事はだんだん重箱の隅をつつくようなものになってもいっただろう[36]．

このような閉塞状況を打開するためには，まったく新しい数学のやり方が見出される必要があった．そして，その新しい方向性として次第に頭角を現してきたのが「概念による数学」，つまり，概念の直観的・幾何的モデルによって古典的量概念を超克しようというものである．その先駆者として，例えばガウスやガロア（Évariste Galois, 1811-1832），さらにはディリクレをあげることができるだろう．ガウスは4次剰余に関する論文の中で複素平面を導入したが，これは直観的・幾何的モデルによる古典的量概念の刷新という歴史的文脈において画期的なことであった[37]．また，ガロアは今日言われるところの「ガロア理論」によって，代数方程式の可解性の問題に新しいアプローチの方法を与えた[38]．

ガロアは代数方程式のべき根による解法，いわゆる代数的解法の可能性の是非を，代数方程式に付随した群（ガロア群）の群論的構造によって決定するこ

を，徹頭徹尾「諸量の関係」のみの理論に還元することは（理屈の上では不可能ではないにしても）事実上無理なことである．

[36] ガロアは決闘で死ぬ半年前の1831年に次のように書いている（加藤[48]，pp.230-231）「オイラー以後の数学では計算することはますます必要とならざるを得なかった．しかしより進歩した科学の対象に適用されていくにつれて，それはますます困難なものとなってきた．今世紀に入ってすぐ以降，その方法論はあまりに複雑なものとなってしまったため，現代の幾何学者たちが出版する研究に見られるような鮮やかさや即時に理解できる能力，さもなければ大量の計算操作による一撃といったものなしには，もはや進歩は不可能となってしまっている．」

[37] Nowak [73], p.27: "The German-language announcement of Gauss's second memoir on biquadratic residues that appeared in the *Göttingische Gelehrte Anzeigen* discussed, among other things, the definition of the complex plane and the progress this allowed Gauss to make in number theory. Gauss included an editorial on the lack of acceptance of complex numbers, and a claim that the "true metaphysics of the complex numbers have been placed in a new bright light" by his new spatial conception of the complex numbers." なお，ガウスの4次剰余に関する1831年の報告については，後述の5.2.1項で詳しく検討する．

[38] ガロア理論の射程はこれだけにとどまらず，現代数学のきわめて広い領域に深い影響をおよぼすものであった．加藤[48]第六章参照．

とに成功した．それによって，特に 5 次以上の代数方程式においては，一般的な代数的「解の公式」は存在しないことがわかる[39]．しかし，その〈解決〉は，例えば 18 世紀的な意味での数式――つまり諸量の間の等式や不等式などの関係を表現する「量の式」――によって表されるものではない．与えられた代数方程式が代数的に可解であるか否かの判定なのであるから，究極的にはその方程式の係数についてのなんらかの式で表されるはずであると，おそらく当時の人々は考えたであろうし，理屈の上では確かにそうかもしれない．しかし，ガロアの与えた解決は，そのようなものではなかった．実際，代数方程式の代数的可解性を判定するなんらかの〈式〉があったとしても，それはおそらく複雑過ぎるだろうし，もっぱら式変形だけによる「量の数学」の限界を超えたものであるだろう．すなわち，この手の問題の解決は 18 世紀以前からの延長線上にある古風な数学のやり方では，もう手も足も出せない種類のものだったのである．ガロアがこの問題を解決できたのは，その解決が「量の科学」としての数学によるものではなく，概念によるものであったからだ．そして，それは「概念による数学」という新しいスタイルの数学の先駆であっただけに，当時の人々にはなかなか理解されなかった．技術的に難しすぎたからではない――むしろ，技術的には簡潔になっている．そうではなくて，それまでとは違う数学のやり方での解決であっただけに，それが問題の解決になっているということ自体が理解されにくかったのだ．

代数方程式のガロア群とは，その代数方程式の根の置換で「代数構造（四則演算）と整合的なもの」の全体のなす系のことである．ガロア群とはこのように，実は正確に定義することすら難しい概念なのであるが，このような根の置換というアイデアが方程式の可解性と密接な関係にあることは，ガロア以前からも気が付かれていた．しかし，例えばラグランジュ（Joseph-Louis Lagrange, 1736-1813）のようなガロア以前の人々にとって，それは解法の分析のための本質的な道具ではあっても，ガロアがやったように，それ自体という対象を自体存在化することこそが解決への鍵なのだと認識されたことはついぞなかったのである．根の置換によるガロア群という概念的対象こそが代数方程式の本質を握っている，ということを明言したところにガロアによる解決の真に画期的な点がある

[39] もちろん，特殊な方程式は 5 次以上でも代数的に可解となり得る．

のであり，そこに気付いたからこそ，ガロアは「式」ではない「概念」による解決に必然的に導かれたのであろう[40].

概念による数学への変遷は，ガロアの数学と同時期における関数概念の変遷にも，その一端が垣間見える．次章で述べるように[41]，関数概念は18世紀のオイラーにおいて，すでに式によらない「一般的な関数関係」という概念的なとらえ方が見られる．これをさらに推し進めたのが19世紀のコーシー（Augustin Louis Cauchy, 1789–1857）でありディリクレであった．例えば，コーシーの『解析学教程』においては関数の「連続性」の現代的なものに近い定義が見られる[42]が，これはそれ以前の連続性概念が，大なり小なり関数の（例えば式によるような）〈表現〉との関連をそぎ落とすことができていなかったことと比べると，きわめて概念的なものにシフトしたと言える．ディリクレにいたっては，有名なディリクレ関数に示されるように[43]，その概念化はさらに進んだ．ディリクレは早くから，式による計算量を最小化するために，計算をできるだけ「概念的思考」で置き換えるというやり方を標榜していた[44]．そして，この概念化の流れをさらに推し進めて，のちにリーマンやデデキントが現代的に完成された関数概念へと導くことになるのである[45].

---

[40] ガロアは自分の理論の原理が従来的な「量の式」では表現できないことを踏まえて，できるだけ式で明示できる命題をも示すことによっても衆目に訴えようとしていた形跡がある．例えば，（アーベルも考察していた）素数次数の既約方程式の場合の命題がそれである．ガロアはこれを「ただ一つの応用」とし，重要なのは「一般的な条件」の方だと述べている（加藤 [48]，p.192）．しかし，ラクロアとポアソンによる査読では，この「応用」の方が主結果であると間違えて理解されている（加藤 [loc. cit.]，p.196）.

[41] 3.1節.

[42] ボタチーニ [8]，pp.117–118.

[43] x が有理数ならば $f(x) = 0$，無理数ならば $f(x) = 1$ として定義される関数．簡単な解析的式では表すことができないし，グラフも書けないが，概念的には定義できる関数の典型例である.

[44] ラウグヴィッツ [65]，p.356.

[45] Ferreirós [24], p.27: “The conceptual approach to mathematics is clear, for instance, in Cauchy, when he bases his treatment of analysis upon the notion of a continuous function, where continuity is defined independently of the analytical expressions which may represent the function. Such a viewpoint is taken further by Dirichlet when, in a paper on Fourier series, he proposes to take a function to be any abstractly defined, perhaps arbitrary correlation between numerical values... Riemann takes up Dirichlet's abstract notion of function in his function-theoretical thesis, where he also makes reference to his teacher's work on the representability of piecewise continuous functions by means of Fourier series. This became the subject of his Habilitation thesis, where we find the famous definition of the Riemann integral, a definition that finally consolidat-

いずれにしても，ここでガロアやコーシー，ディリクレに共通して見られる傾向は，（変量や定量などの）「量の関係式」に拘泥せず，むしろ数式表現によらないより深い本質を直観的概念として把捉し記述するというものである．そしてこれを実行する上で重要なのは，式による表現との関連性をできるだけそぎ落として，残ったものの中に本質を見出そうと意図することである．

2.2.2 存在論的革命

かくして，18 世紀終わりから 19 世紀前半にかけての西洋の数学界では，〈量から概念へ〉という革命が静かに進行していた．19 世紀は「革命の世紀」である．もちろん，ここで言う「革命」とは 19 世紀のヨーロッパ各所でしばしば起こっていた政治的な革命ではなく，通常言われるところの「科学革命」に近いものである．政治革命の場合と同様に数学における〈科学革命〉も，既存のパラダイムや規範的方法論などが立ち行かなくなることによって起こる．上述したように 19 世紀前半のガロアは，当時の数学界の閉塞状況を敏感に読みとっていた[46)]．すなわち，当時の数学がもっていたようなやり方では，もうどうしようもないくらい数学研究の状況は煮詰まってしまっていたし，もうそれまでの方法に固執していては重箱の隅をつつくようなことしか残っていないのであった．そして通説的な科学革命の場合と同様に，19 世紀西洋数学における革命も，表面上なにも変わっていないように見えながら，その深層においてそれらをとりまく知の地殻・地盤そのものがいつの間にか変わってしまう，という種類の事件となる．上述したように，西洋数学の 19 世紀革命によって，数学的対象は少なくとも表向きには変化しなかったものの，その存在様態は大きく変化した．その結果，19 世紀初頭と後半では，例えば「数」のような基本的対象についてさえ，「同じものを見ながら，まったく違うものを見る」[47)]という現象が起こったのである．のみならず，革命の前後でそのパラダイムの大部分が，従来的な数学のや

---

ed the abstract notion of function, since it opened up the study of discontinuous real functions. Lastly, Dirichlet's notion of function was given its most general expression when Dedekind defined, for the first time, the notion of mapping within a set-theoretical setting."

[46)] クーン [61]，p.105：「科学革命は……パラダイムを変えねばならぬ人たちにだけ革命的に見える．」

[47)] クーン [loc. cit.]，p.125：「革命によって科学者たちは，これまでの装置で今まで見なれてきた場所を見ながら，新しい全く違ったものをみる」

り方や規範に整合しない形で刷新されたという点も，19 世紀数学革命が科学革命の一種であったことを裏書きしている[48]．例えば，上述したガロアによる代数方程式の代数的可解性問題への解決が提示した解答は，それまでの数学が規範としてきた「量の式」によるものではなかったし，そのため当時の人々の目には，それがどのような意味で〈解答〉となっているのか明らかではなかった．つまり，解答は当時の一般的なパラダイムに則したものではなかったのである．

類似のことは，もちろん 19 世紀にかぎらず，それ以前にも規模の相違はあれ起こっていた．例えば，デカルトによってもたらされた数学の数々の刷新においても，類似の状況は現出している．デカルトは幾何学的図形を方程式で表現するという新しい方法論を本格的に運用することで，「図形」という見なれた基本的対象を「違うもの」にした[49]．デカルトが方程式の方法で（例えば「パッポスの問題」のような）古典的な図形の問題に解答を与えるとき，上述のガロアの場合と同様に，その解答の属するパラダイムはすでにそれ以前のものとは大きく異なっている．それは図形問題への解答を「方程式とその解」という形で与えるのであり，それが解答であると認められるためには，それを受容する側も新しいパラダイムを受け入れなければならないという，そういう意味での解答なのである[50]．

このように，デカルトによる幾何学への解析的手法の導入という数学史的事件にも，科学革命としての特徴を見ることができる．ただ，デカルトの革命による対象（この場合は「図形」）の変容が，基本的には方法論の刷新によってもたらされているのに対して，19 世紀の西洋数学革命はより広範囲の——あるいはほとんどすべての，と言ってもよい——数学的対象を，そのもっとも根本的な〈存在様式〉から変えてしまったという点で，はるかに大規模な地殻変動であった．

---

[48] クーン [loc. cit.]，第九章参照．

[49] Giusti [37], p.53：「幾何学におけるデカルトの革命は数学に新たな対象を加えたわけではないが，前からあった対象の容貌を根本的に変えてしまい，それらは今や完全に新しい衣をまとって現れることになった．」

[50] Giusti [loc. cit.], p.48：「パッポスの問題はかくして完全に解決された．ただし，ここで見い出した方程式を解として認めるならばである．別の言い方をすれば，問題が曲線を要求しているのに，解は方程式を与えるのであり，この問題は，後者を前者の代わりに受け入れるという条件で解決されたと考えることができるのである．」

グレイによれば，19 世紀において西洋数学の革命があり[51]，その革命は〈存在論的革命〉であった[52]．デカルトの革命は直線・曲線などの対象をとらえるやり方において，本質的に新しいアイデアを提供し，それまでの数学のやり方を刷新した．しかし，それによってこれらの図形の存在様式そのものが変わったわけではない．方程式は図形を表現する上できわめて本質的な形式であり，図形に関する問題をきわめて一般的な立場からとらえることを可能にし，それらにまつわる現象を一気に透明なものとした．しかし，人々がその方法を受容し，その解答を認めたあとであっても，方程式は図形を「表現する形式」に過ぎないのであり，図形そのものと置き換わったわけではない．直線や曲線といった図形の存在論的意味に，それが本質的に影響したわけではないのである．革命のあとでも，図形という可視的表象の意味は相変わらず古典的に自明なものであり続けたはずだ．しかるに，デカルトによる数学の革命は確かに認識論的な革命ではあったが，19 世紀の西洋数学が経験することになるような〈存在論的革命〉とは本質的に異なるものであったと言えるであろう[53]．

このように 19 世紀革命においては，数学対象の存在論的シフトがもっとも重要な側面として現出する．〈量から概念へ〉という革命の初期段階において，対象が可視的表象やそれらにまつわる定量的表象としての「量」から，それらの裏面に隠されている不透明で暗喩的な「概念」へ移行することで，数学対象は次第に表象としての単純さを失っていった．そして，そのかわり，対象は存在論的な厚みを手に入れる．それらは一体どのような権利によって存在し得るのか，それらの存在はいかにして保証されるのか，それらが存在するとした場合，その存在様式はどのように特徴付けられるのか，そしてそれらと数学する主体（= 人間）との関係はどうなっているのか．これらの問いかけがその中で展開されるだけの厚みと内奥を，数学対象は次第に獲得するのである．それは数学の対象が古典的なあり方を脱却し，近代的な対象，例えば高次元空間やクラインの壺[54]のような感性的空間内には実現できない図形，さらには抽象代数学における非実体的数

[51] 脚注 29 参照.

[52] Gray [35], p.245: “The chief aspect of this revolution was ontological”.

[53] そしてもちろん，この大規模な存在論的革命は，数学の認識論的側面においても大きな地殻変動を引き起こしている．Gray [loc. cit.], p.236 参照.

[54] 7.1.2 項の図 7.1 参照.

概念などの「不可視的な」対象が自立した存在権利を獲得し，さらに深い意味での実体となるために必要な道程であった．そして革命は，まさにこの権利を勝ちとるためにこそ必要だったのである．

不可視的な数学の対象，すなわち感性的所与に基づいた表象とはなりにくいため古典的な外界的自然と表裏一体の「表象＝対象」というパラダイムの中では正当な対象とは認められてこなかったものが，ときおり思い出したようにその〈存在〉という市民権を主張する事態が生じるのは，なにも 19 世紀が初めてのことではない．ただし，19 世紀存在論的革命以前において，それら時代に先駆けてはいるが機の熟さない反抗は，どれも革命を完成させるところまで行くことはできない．例えば有名なところでは，「無限小」をめぐる論争がある．17 世紀から 18 世紀にかけて微分積分学が発見され，さまざまな問題へのきわめて強力な方法論であることがはっきりすると，その基盤の脆弱性をめぐって激しい論争が戦わされた．この問題は，そのもっとも根本的なレベルでは，要するに「無限小量」の存在・非存在に関する問題である．ジョージ・バークリー（George Berkeley, 1685–1753）が攻撃の矛先を向けるのは「解析学者」たちだけではない．それは存在権利を主張する無限小量そのものにも向けられている[55]．しかし，18 世紀における「透明な表象」としての量概念という立場にとどまるかぎり，暗喩的でオカルト的な無限小量にまつわる存在論的困難を乗り越えることはできない．

同様の存在論的論争は虚数の導入においても現出している．虚数はすでに 16 世紀のジロラモ・カルダーノ（Gerolamo Cardano, 1501–1576）やラファエル・ボンベリ（Rafael Bombelli, 1526–1572）において導入・発展させられ，その対象としての存在権利こそ保留されていたとはいえ，なんらかの数学的価値のあるものであるという認識はなされていた[56]．しかし，その存在論的困難を克服し，虚数という表象化しにくいものを数学の正当な対象として是認する，すなわちその存在権利を認めるということは，抽象化され純度を高められた外界的自然の表象こそが数学の対象であり，その透明性に疑問の余地をもたないような古

---

[55] ジョージ・バークリー（1734）（加藤 [49]，p.273 より引用）：「消えつつある増分とは何ぞ？　それは有限量ではなく，かと言って無限に小さい量でもないし，また無でもない．それは死した量の亡霊とでも呼ぶべきものではないだろうか？」

[56] カッツ [53]，p.417 参照．

典的な学問環境においては，もとより不可能なことである．

虚数に関して言えば，その存在論的シフトはガウスの複素平面の導入によるものが最初であり，そのもっとも本質的な契機なのであるが，ここで起こったことは，複素数という体系，つまり一つひとつの複素数ではなくその全体のなす系を表象化することに成功したということに他ならない．もちろんここで，当時の数学環境がこの複素数の「平面モデル」[57]を，その存在根拠として受容し得るものになっていたということも重要である．すなわち，虚数という暗喩的数概念による抽象的な〈直観的モデル〉が数学的対象として存在権利を認められるような土壌が，当時の数学界において次第に形成されつつあったということだ．そしてそのためには〈量から概念へ〉の地殻変動，外界的自然の直接的・間接的な表象としての〈量〉の自明性から，表象としての透明な存在様態をかなぐり捨てて，自身による自律的な存在権利を主張する〈概念体〉へ移行すること，自然界と表裏一体の幸福な存在であった「表象＝対象」というあり方から脱却し，普遍的であると同時に個別的な「近代的個物」である〈概念的実体〉としての対象を成立させること，すなわち西洋数学の 19 世紀的革命を遂行させることが必要だったのである．

2.2.3 直観的モデルと集合論

この「暗喩的概念体に付随した直観的モデル」による超克というテーマは，西洋数学の 19 世紀革命の，特にその「存在論的革命」というもっとも根本的な側面において重要なキーワードになっている．このことが見やすいもう一つの例は，19 世紀代数的整数論における理想数からイデアルへの移行であろう．エルンスト・クンマー（Ernst Eduard Kummer, 1810-1893）は代数的整数の体系における素因数分解の一意性を回復するため，理想数（理想因子）の概念を導入した．しかし，理想数は明確な実体の伴った「数」なのではなく，単に理念的なものに過ぎない．それは数としては存在しないが，それを法とした合同関係[58]と

[57] 近藤洋逸 [59]，p.221：「ガウスは複素数をいわゆる複素数平面として表現するが，これは複素数の集合を，一種の二次元多様体とみなすことである．」

[58] 通常の（代数的）整数 n は「n を法として合同」という関係

$$a \equiv b \pmod{n} \iff n \mid a - b$$

して導入される．もちろん，当時のほとんどの数学者にとって，それは姿かたちはないにもかかわらず，合同関係という関係概念だけは誘導するものという奇妙な存在として感じられたに違いなく，その意味で往年の「無限小」にまつわる存在論的論争と多少なりとも類似した状況となっていたはずである．これに対して，デデキントは「イデアル」という概念を導入することにより，理想数の存在権利を救出した．イデアルとはもはや数ではなく，数の集合である[59]．したがって，それは「集合論」——特に無限集合を考察する本格的な集合論——という枠組みを必要とする対象であり，その中にあって初めてその存在を主張できるものである．その意味では，まずもってその成立のための前提として，18 世紀までの「素朴な抽象」としての「表象＝対象」のみを相手にするパラダイムからは脱却していることが要求され，したがって概念としてもかなり現代的なものとなっている．しかしながら，一度この枠組みが成立してしまうと，その中ではイデアルは（数の集合として）確固とした存在様式をもつ自立した実体であり，しかも集合論という幾何学的枠組みの中で構成されるという意味で，きわめて直観的なモデルを理想数に対して提供する．すなわち，ガウスによる複素平面の導入のときと同様に，ここでも理想数のような暗喩的で不透明な対象に対して，その直観的モデルを与えることでその存在論的透明さを確保し，対象として成立させるというパターンが見えるのである．

理想数からイデアルへという存在論的事件は，西洋数学の 19 世紀革命の最重要スローガンである「直観的モデルによる超克」のきわめて見やすい事例の一つであるが，ここで翻ってこれらの〈超克〉の真の意味を問い直してみると，そこには「集合」という魔術的用語が浮かび上がってくるのがわかる．ガウスによる複素平面の導入は，一つひとつの複素数の存在論的意味についての議論を，その

を誘導する．理想数は単にこれと類似する合同関係として導入された．すなわち，それは実態としては合同関係という「関係概念」でしかない．一般の代数的整数においてはこのような合同関係が，数から誘導されるものとはかぎらないため，数から来ない場合は実体としては存在しない数，すなわち「理想数」として考察されることになる．

[59] イデアルとはたし算で閉じており，かつ倍数関係でも閉じているような空でない集合のことで，例えば数 n の倍数全体はイデアルをなす．一般にイデアル I が与えられたとき，

$$a \equiv b \pmod{I} \iff a - b \in I$$

としてイデアル I を法とした合同関係が定義できる．I が n の倍数全体であるとき，この合同関係は従来の意味での n を法とした合同関係に他ならない．

集まりとしての「集合」の存在様式におきかえている．また，デデキントによるイデアルの導入も，理想数という一つの〈数〉の存在権利を，数の集合としてのイデアルによって確保するという形になっている．いずれにしても，それらの存在論的困難の解消のために，「集合論」という直観的な存在論的装置が巧みに利用されていることがわかるであろう．すなわちここには，「存在論的問題を，集合論でのアプローチで構築された直観的モデルによって超克する」という，一つの重要なパターンが垣間見えるのである．「集合アプローチ」の萌芽はすでにガウスによる複素平面の導入や，後述するようにリーマンによる多様体概念の導入において十分に明示的な姿で胚胎されていたものであり，西洋数学の 19 世紀革命の初期段階からその通奏低音的イデオロギーであった[60]．

実際，このパターンは 19 世紀革命のいたるところ——その初期段階から完成段階へのどの時節においても——に現れる，きわめて反復的で普遍的なものとなっている．例えば，デデキントは上述のイデアル概念の他にも，有名な「デデキントの切断」による実数概念の再構築を行なっており，そしてこれこそが先にも述べた彼の著作『数とは何かそして何であるべきか』の内容となっている．彼は自身によって導入された「切断」による実数概念——それはイデアルの場合と同様に，数を数の集合に置き換えるという認識論的トリックを基礎としている——が，実数という対象についての存在論的側面を刷新するものであることを十分に理解していた．また，19 世紀になってロバチェフスキー（Nikolai Ivanovich Lobachevsky, 1792–1856）とボヤイ（Bolyai János, 1802–1860）によって非ユークリッド幾何学が発見されると，たちまちその受容にまつわる論争が開始されたが，これもまた，そのような一見奇妙な（そして素朴直観的な自然認識からは矛盾しているように見える）幾何学がどのような権利で存在するのか，どのような存在様態をもつものとして理解されるべきなのか，といった存在論的論争であった．この種の論争が少しずつ落ち着き，非ユークリッド幾何学がそれ相応の自立した幾何学体系としての存在権利を獲得したのには，ベルトラミ，クライン，ポアンカレ（Jules-Henri Poincaré, 1854–1912）らによるモデルの構築が果たした役割が大きかったが，これもまた非ユークリッド幾何学に対し

[60]「「集合アプローチ」はイデアル理論の後，十九世紀数学における支配的な手法となっていき，集合概念が基盤として使用される現代数学の標準的なあり方へとつながっていく．」（鈴木 [85]，p.57）．

て，その〈直観的モデル〉[61]を集合論的構成によって与えるというパターンによってなされている．さらに言えば，上述した無限小にまつわる論争について考えると，この無限小量に対する〈直観的モデル〉としてはロビンソン（Abraham Robinson, 1918-1974）の超実数がある．超実数の体系はきわめて技術的な集合論の公理や手法を用いて構成されるものであり，その導入は比較的に最近のことであるが，これもまた集合論——この場合は現代的な「公理的集合論」——を用いて直観的モデルを構築することで，その存在論的困難を解消・超克するというパターンの議論になっている．

以上見てきたように，西洋数学の 19 世紀革命とは「存在論的革命」であり，そこで刷新されるのは数学的対象の存在原理であり，それまで透明で幸福であった自然的表象——素朴な抽象により分節化され，外界的自然と表裏一体的に秩序付けられた感性的あるいは定量的表象——としての数学対象のあり方から決別して，自らの内にその存在の厚みをはらんだ自立体，自己の外部のいかなるものにも依存しない内在的な存在規定をもつ「自体的存在」としての対象，概念的普遍性を保ちながら同時に近代的な個物としての存在権利を主張する〈普遍的（すなわち概念的）個物〉としての対象のあり方を目指すというものであった．そして，そのために西洋数学が採った道は「集合論によるアプローチ」であり，それによる「直観的モデル」の導入であった．直観的モデルを集合という建築資材を用いてその土台から順々に建築していくことにより，それらのモデルは，18 世紀までの対象のような感性的自然などの外的存在原理に直接あるいは間接的に依存した「表象としての対象」ではなく，それ自体が〈内側から〉存在する存在物になることを目指したのである．したがって，集合概念の発展こそが 19 世紀革命の成否を占う重要な契機であることになる．実際，ガウスによる複素平面の導入から通して 19 世紀全体の西洋数学の動きを通覧してみると，その中で上述のような「存在論的革命」の表層として見える出来事の連関の根底に，「集合」という概念の成立を目指して進む，もう一段下の層が垣間見えるのである．

西洋数学は〈量から概念へ〉という革命初期から，自体存在的な数学概念としての対象のあり方を確立するまでの間，一貫して対象の存在論的問題に真正面か

---

[61] ベルトラミによる擬球モデルはユークリッドの第 2 公準を満足せず，また異なる 2 点を結ぶ直線も一般には一意的ではないので，非ユークリッド幾何学の部分的なモデルになっている．

ら向き合い，その解消のために集合概念を発明した．数学史において西洋数学だけが対象の存在論的問題に体当たりでとり組み，西洋数学だけがこの問題に一定の着地点を提示できたのである．集合はいかなる数学的対象の存在権利をも保証する，普遍的かつ強力な建築資材である．数学的対象をそのそもそもの由来である基礎から盤石に構築することで，それらをその内側から存在させること，いわばその存在原理をその根底の〈存在力〉に帰着させること，さらに言えば，存在の古典的透明性によらない「真の抽象物」としての存在論を確立することが 19 世紀西洋数学の存在論的革命なのである．そしてこの革命は，数学の対象を建築学的な構造物にすること，つまり，自らの内側に構造をもち，各種の資材が縦横無尽に組み合わされ，そしてその外観も内観もその使われ方・用途にふさわしいように周到にデザインされた〈建築物〉として成立させることで完成する．つまり，「数学が建築学になる」ことこそが 19 世紀存在論的革命の完成なのだ．「数学は，カントが想像したように先天的に与えられたある種の特殊な型とか，私たちの外的世界の知覚に基づく型に限定されるものではなく，その当時の数学的思考の状態と，そのような型が数学やその応用に対してもちうる意義によってのみ限定されるそれ自身の型をつくりうるものであることが明らかになった．」[62)]

2.2.4 新しい「物自体」

対象をそれ自体として〈内側から〉存在させるために，19 世紀の西洋数学は集合論という大掛かりな装置を開発することとなった．18 世紀までの数学対象は外界物の直接的，あるいは間接的な表象やその形式であったに過ぎないという意味で自体存在ではなかった．それはある意味「言葉」でしかなく，表象世界の秩序を詳細に記述するためにどこまでも自分自身を洗練していくことができる——そして，（19 世紀初頭の数学がそうであったように）いずれは閉塞状態に陥る——が，それらの存在自体へは本質的にはコミットしない．したがって，その認識はきわめて唯名論的であった．19 世紀より以前の数学においては，言葉や関係，あるいはそれらを表現する「式」という形式を順序よく秩序立てて運用することが，数学という行いのすべてであったと言ってよい．しかし，19 世紀存

---

62) ワイルダー [94]，p.136.

在論的革命によって，数学の対象はそれ自体が固有の存在様式と存在権利をもつ近代的個物となる．このような対象観の変容をもたらし，少なくとも可能性の上ではその完成を特徴付けるものこそ，集合という資材に基礎を置いた〈数学の建築学化〉である．そして本書を通じて詳しく論じられるように，リーマンこそ，この〈数学の建築学化〉を時代が推し進める上で，決定的で明示的な一歩を踏み出した人物なのである．

集合は対象の存在原理を内側から支える万能資材として，19世紀を通して次第にはっきりと概念化され，20世紀の公理的集合論にいたるまで多くの思想的・技術的紆余曲折を経て発展させられる．そして，その自体的存在原理を獲得するために，集合はあらゆる限定性・一時性を排除し，あらゆる個別的・偶然的属性を剝ぎとられ，最後に残った「個物性」という属性しかもたないところまで自明化される．それはおよそ考えられるかぎりもっとも単純な個物として構想される必要があったのである．つまり，その存在・非存在を議論することそのものが無意味になってしまうくらい，それは質，特徴，属性を剝ぎとられている必要があったわけだ．そのため，集合は，それがいかなる意味での偶有性をも失っているという意味で，もっとも普遍的でありながら，それは対象の基本的な建築資材という〈個〉として存在するものでなければならない．少なくとも，それらは互いに自他を区別するなんらの偶有的指標のない普遍的存在でありながら，同時に対象として，実体として，自他の絶対的区別のある個物として存在するなにかでなければならないのである．実際，現代的な集合（あるいはその元）はア・プリオリにはなんらの属性も名前ももたない．それが名指されるときに用いられる記号はただの「ラベル」であり，そのラベルは自由に付け替えられる一時的なものでしかない．すなわち，集合とは指標も特性も，名前すらももたない〈個〉なのであり，〈普遍的個物〉なのであり，すなわち普遍的であり個物的であるという二律背反を無意味なものとし，不可識別者同一の原理（principle of indiscernibles）が無効となってしまうような原初的かつ叡知的・前時間的な領野における存在物なのだ．

したがって，集合は自然界（可視的な外界的自然）におけるどのような存在とも似ていない．自然界のどのような存在物とも，集合の存在領野は異なっている．つまり，それらが存在している世界がまったく違うのである．19世紀以前の数学が，直接・間接の違いこそあれ，外界的事物に関連した表象・形式をその対象としていたことと比較すると，近現代的な集合論を運用する 19 世紀以降の数学は，その対象の存在様式も存在領野も異なっているわけだ．そしてこの違いこそ，19 世紀西洋数学における存在論的革命がもたらしたものである．しかるに，本来的には人間の感性的直観や，それに関連した可視的表象の領野と集合の存在領野の間には，無限にも例えられるであろうほどの距離があるわけで，その心理的な距離を埋めるために，集合論は「ラベル」の置換による絶対的不変性を目指さなければならなかったわけである[63]．

あるいは次のような言い方もできるであろう．18 世紀までの古典的な数学は，その「表象＝対象」の存在論的源泉を，感性的自然という素朴な意味で可視的な領野に置いていた．これに対して 19 世紀存在論的革命以降の数学は，その対象の存在論の源泉を〈集合論的領野〉という，素朴な表象作用の対象からは完全に独立した，より理念的で叡知的な世界領野からくみとるのである．この世界領野は我々の感性的直観や空間的表象などとは（少なくとも権利上は）独立なものであり，そのため不可視的であり超自然的な領野なのであるが，我々がそこから存在をくみとるときは局所的・一時的に幾何学的表象を援用する．しかし，その幾何学的表象は整合的ではなく——一般 n 次元空間やクラインの壺を黒板に図示しようとするときのように——しばしば虚偽であり，不整合的であり，いつわりの仮象でしかない．あるいはそのような直観的表象化をあきらめて，不変量などのさまざまな間接的手段による定性化・定量化によって，少しずつ理解を深めるという方法をとるしかない．それはこの世界の「物自体」が，我々の感性的・外界的な表象作用によっては決して整合的に表現されることができないものだからであり，感性的自然とはまったく独立の，まったく異なる存在原理をもっているからである．したがって，自体存在としての集合は表象ではない．それはあくまでも集合論的領野における物自体なのであり，それがときおり表象のように見え

[63] 近藤和敬 [58]，p.72：「直観においては無限に到達不可能なものを数学において考慮するうえで必要不可欠なのが，ボルツァーノが発見して，デデキントやカントールによって展開された，置換における不変性という観点をもつ集合を，心理学的な残滓を引きずるかつて概念と呼ばれたものにおきかえるという発想であった．なぜなら，それによって，権利上の置換という観点から，概念は，無限の項を見渡すことができる可能性に開かれるからである．言いかえれば，概念と概念の折り重ねられる内容 X のあいだに，ある種の無限が含み込まれることが可能になるからである．」

るのは，整合的でないところどころ壊れた仮象的表象を身にまとっているときの一時的な姿だけである．それは X や Y などのラベルを伴って現れたり，連続的な延長の広がりをもって見えたりするが，それが集合自体というわけではない．数学者はこのあたりの事情に慣れていて，これらの幾何学的仮象を積極的に多く利用しながらも，証明などの論理的手続きにおいては，この幾何的・空間的表象からはできるだけ離れて議論しようとする．

いずれにしても，ここに 19 世紀存在論的革命による変革の本質がある．革命によって出現した集合は，それがどんなに古典的な「ものの集まり」に表面的には似ていようとも，もはやそのような古典的な対象とはまったく異なる存在原理をもつものである．同様に，革命のあとになって数学者が考察する数や空間概念も，それがどんなに昔からのそれと表面的には似ていようとも，その「似ている」は不整合的な仮象的表象をあてはめた結果であるに過ぎない．古典時代の対象は，感性的・外界的自然の領野における表象作用，つまりカント的な意味での物自体の表象と深く結びついていた．これに対して，現代数学の対象は「集合論的自然」という叡知的な領野の物自体である．その意味では，19 世紀以降の数学が開発した「集合」とは〈新しい物自体〉なのであり，この新しい存在領野での物自体から対象を構成するという新しい数学の方法こそが〈建築学〉としての現代数学のやり方なのである．

現代の数学者にとって，この集合論という存在領野はすでに素朴な外界的世界の存在論と同じくらい当たり前のものになってしまっているので，その意義には気づきにくくなってしまっているが，19 世紀前半当時のほとんどの数学者にとっては——なにしろクラインの壺のような整合的で首尾一貫した表象が不可能なものまで存在させてしまうのであるから——奇妙でその正当性が疑わしいものと思われたであろう．高次元空間や無限次元空間，あるいはスキーム論に現れるような恐ろしく抽象度の高い空間概念などがすでに〈可視的〉になってしまっている現代の数学者にとって，複素数や非ユークリッド幾何学の受容が困難であったことはなかなか理解できないことなのであるが，それは当時と今との大きな違いが〈存在の源泉領野〉という，きわめて目に見えにくい根源的なレベルのものであったことに起因するのだと思われるのである．

またこのことに関連して，現代数学における集合論の位置付けと 19 世紀胚胎期の集合論の違いについても触れておく必要があるだろう．現代数学において，集合とは究極的には無定義語であり，（筆者を含めて）ほとんどの数学者はこの状況に満足している．すなわち，我々はそれが存在論的意味を問われない自明な「モノ」であるという見方を，問題なく了承している．しかし，19 世紀の数学者たちはそのようには考えなかった．つまり，彼らにとってその存在論的意味は論争の種でありこそすれ，自明なことではなかったのである．その理由は，その当時と今とでは数学の基礎付けに関するポリシーが異なっていたからだと思われる．現代数学においては，数学の基礎は数学自体に求めるべきと考えるのが普通であり，数学が他の学問，例えば哲学や物理学によって基礎付けられるべきだと考える人はいない．しかし，19 世紀当時の人々にとっては状況が違っており，存在論や認識論などの哲学と数学との距離は今よりずっと近かった．彼らにとって数学の基礎に哲学が横たわっていると考えることは，今よりはずっと自然なことだと考えられたであろうし，実際に数学を哲学の一部門のように見なすのは普通のことだった．このような数学基礎に関する認識の違いは，19 世紀末から 20 世紀初めにかけて起こった集合論の基礎についてのきわめて大きな論争が，数学の基礎に関する数学者の認識を大きく変えたことに起因するであろう．しかるに，ここで集合論的領野という新しい存在領野がもたらされ，それによって〈新しい物自体〉が生まれたと論じるとき，このような存在論の新鮮さは 19 世紀的なものではあっても，現代の数学者たちの感覚とはまったく異なっていることも，ここでは強調しておくべきであろう．そして，このような「物自体」を数学自身がつくり出したということが，結果として数学の数学による基礎付けという，現代的な数学の基礎についての視角へとつながったと考えられることも，ここで指摘しておきたい．

2.2.5 19 世紀革命と「数学の堕落」

19 世紀の数学がその独自の存在論を以上のような経緯で目指す中で，おそらくもっとも重要なエポックとなったのがリーマンによる「多様体（Mannigfaltigkeit）」概念の導入である．この点についてはのちの章で詳論することになるが，手短かに述べると，リーマンがその教授資格取得講演で導入した多様体概念は，のちの通説が述べるようなリーマン多様体の萌芽としてのみならず，およそ数学における普遍的な対象の候補として構想された．そして，その構想を引き受け，発展させた諸々の人々，特にデデキントやカントール（Georg Cantor, 1845-1918）らによって集合論にまで発展させられることになるのである．集合論の構築は 19 世紀革命という存在論的革命の着地点だったのであり，その目標に向かって数学者を導く上でのイデオロギーが「数学の建築学化」だったのであるが，そのイデオロギーのもっとも重要な理論的出発点がリーマンの教授資格取得講演だったということになる．これが西洋数学の 19 世紀革命という，西洋数学の全歴史の中でもきわめて重要かつ大規模な出来事の中でのリーマンの位置付けの一つなのである[64]．

西洋数学における 19 世紀革命は，その根幹において「存在論的革命」であったが，その結果として，当然ながら，多くの認識論的変化をもたらしている．まず第一に「数学の建築学化」であり，対象をその基礎から順々に周到なデザインにしたがって構築するというやり方によって，数学の対象は経験論的になった．19 世紀以前の数学においては，カントがそう主張していたように，ユークリッド幾何における空間こそ唯一の空間であるとする，強い意味でのア・プリオリズムがあった．しかし，「数学の建築学化」によって，空間は数学する主体がア・ポステリオリに構築するものであるとする考え方がもたらされることとなる[65]．

第二に，数学が直観的表象形式の学問ではなくなり，いつでも自前の建造物を自ら建築しなければならなくなることによって，その基礎工事の重要性が増した．すなわち，基礎付けについての意識が否応なく高まる結果となったのであ

---

[64] カントールによる集合論の創始の直接的な引き金となったのは，リーマン自身も教授資格取得論文の中で論じた三角級数の理論において，関数の不連続点の分布についての深い考察が，無限集合としての実直線 $\mathbb{R}$ の実体的把握を必要としたことにある．その意味で，実解析学の歴史的考察は集合論の歴史の技術的側面において重要であるが，これについては Ferreirós [24] を参照することとし，本書では以後あまり深く立ち入らないことにする．本書における集合論の歴史のとらえ方は，むしろ，その思想的背景である数学対象の存在論の文脈においてであり，その変革がさまざまな技術的要因を作動させて集合論の創始につながったという立場である．

[65] Gray [35], p.234: “With the discovery of non-Euclidean geometry the question of the mathematical nature of physical space had become empirical; with the proclamation of Riemannian geometry it was possible to argue that it had always been an empirical question. One might say that Riemannian geometry provided the ideology for the revolutionary change in geometric ideas.” ここでグレイはリーマン幾何学の文脈に限定してその経験論的側面を語っているが，このような変革は数学対象全般に見られることであったというのが我々の立場である．

る．そのため，数学はそれ以前にも増して厳密さを求められるようになった．数学における厳密さへの追求は，もちろん，例えばコーシーやディリクレらによる「量から概念へ」の動きの中でも，すでに本格的に始まっていた時代潮流である．しかるに，「数学の建築学化」はこの流れに新たな視点・方法をもちこむことによって，その傾向を加速することになった．

最後に，「存在論的革命」と「数学の建築学化」による数学対象の変容の結果として，数学対象に対する実際的ないし人間的な価値の差異が（少なくとも表向きは）無化されてしまったことも，認識論的変化の重要な一つであろう．19世紀革命による存在論的シフトの結果，数学対象の世界は飛躍的に拡がった．数学は（権利上は）絶対的に普遍的な個物である「集合」をその対象の建築資材として用いることで，理屈の上では，いかなるものも対象とすることができるようになったのである．しかし，そのため，古典時代からあるいくつかの特権階級的な重要対象は，他から区別されるべきその重要性の既得権益を剝奪され，（少なくとも形の上では）その貴族的身分を失わされてしまった．有理整数やユークリッド空間のような古典的対象の，他の対象に対する概念的優位性は，少なくとも形式的には失われる結果となったのだ．見かけの上では，有理整数は数ある代数的整数の一つでしかなくなったし，ユークリッド空間は数ある可能な空間の一つの「仮説的」例でしかなくなってしまったのである．しかるに，その自由だが無味乾燥した対象領野の中で，いかなる対象がふさわしく正しいものなのか，価値のあるものがどれで価値のあまりないものがどれなのか，どの状況ではなにをとりあげるべきで他の状況では別のなにに注目するべきなのかといったこと，すなわち対象全般に対する価値配分の管理に，数学する主体は終始気を配る必要がでてきたのである．

> 「数学の堕落は，リーマン，デデキント，カントルらの理念と共に始まる．これによって，オイラー，ラグランジュ，ガウスの堅実な精神は，だんだん抑圧されたのである．」[66]

とはジーゲル（Carl Ludwig Siegel, 1896–1981）の言葉であるが，ジーゲルに

---

66) ジーゲルがヴェイユ（André Weil, 1906–1998）に宛てた手紙．ラウグヴィッツ [65] 序文冒頭より引用．

とって，リーマンをその中心的な遂行者の一人とする存在論的革命の結果として現出した現代数学のあり方は，数学の堕落と感じられていたのであろう．その理由はおそらくいくつも考えられるのであろうが，その重要な一つは次のようなものではないか．それは，自然と「表象＝対象」の表裏一体性を通じて数学が自然との間に交わしていた幸福な古典主義時代の絆を捨て去り，近代的建築学として生きていこうとする中で，「数学の領野をなんでも存在できる世界にしてしまった」ことに対する怒りと軽蔑であったのかもしれない．

Georg Friedrich Bernhard Riemann

第3章 リーマンの関数概念

リーマンを端緒とする〈数学の建築学化〉の過程の詳しい分析の手始めとして，本章ではまず，リーマンによる関数概念を検討する．実は，リーマンにおいては複素関数と実関数では関数のとらえ方が大きく異なっており[1]，のちのリーマンによる空間概念と大きく関わってくるのは複素関数論の方である．したがって，以下では特にリーマンによる複素関数論について議論する．これに関係するリーマンの論文は，主に次の二つである．

- 「複素一変数関数の一般論の基礎（Grundlagen für eine allgemeine Theorie der Functionen einer veränderlichen complexen Grösse）」[2]（ゲッティンゲン大学における学位論文，1851）
- 「アーベル関数の理論（Theorie der Abel'schen Functionen）」[3]（1857）

3.1 リーマン以前の関数概念

3.1.1 現代的な関数概念

まず最初に，現代的な関数概念について説明することから始めたい．大まかに言うと，関数とは変量 x に対して別の変量 y が決まる，つまり x の値に対して y の値が一意に決まるという規則のこととして説明される．もちろん，これは大

[1] ラウグヴィッツ [65]，p.253：「複素解析の分野では，ガウスとリーマンは，コーシーと異なり，幾何学的なものを本質的に利用している．これと異なり，実解析の分野では，彼らは唯一の厳密な思考法として，例外なく解析的思考法にとどまる．これはコーシーと同様である．」

[2] リーマン [76]，pp.1-33，Riemann [75], pp.3-43.

[3] リーマン [76]，pp.71-123，Riemann [75], pp.88-142.

まか過ぎるので，より正確に述べる必要があるのだが，そのため最初に重要となることは，最初の変量 x の「動く範囲」を明確にすることである．つまり関数 f とは，変量 x が決められたある範囲の値を動くときに，それに応じて第二の変量 $y = f(x)$ が，これまたなんらかの範囲の変域に収まる値として決まるというものである．これを式に書くと，次のようになる．

$$f\colon X \longrightarrow Y, \qquad y = f(x)$$

ここで X は変量 x が動く範囲（変域）であり，関数 f の定義域（domain）と呼ばれる．変量 x が定義域 X を動くとき，それに応じて y という変量が f の値域（target）と呼ばれる変域 Y の中に像を結ぶ．定義域を動く変量 x は f の独立変数（independent variable）と呼ばれ，それから決まる y は従属変数（dependent variable）と呼ばれる．以上の概念が役者としてそろったあとに，初めてそれらの間の関係を（例えば数式などによって）とり結ぶ「関数関係 f」が意味をもつ，という仕組みになっている．

つまり，一口に関数と言っても現代数学の立場では，それは

- 定義域 X と値域 Y
- X を動く独立変数 x と Y に値をとる従属変数 y
- x の各値に対して $y = f(x)$ がただ一つ決まるという関係 f（以下では「関数関係」と呼ぶ）

という多くの対象からなる複合概念なのである[4)]．

ここで，二つの変量 x, y の立場は平等ではないことに注意してほしい．つまり，一方は独立に自由に動ける変量であるが，他方はそれに従属して変化する変量である．関数とは二つの変量 x, y の間の関係を与えるものなのであるが，その関係において x と y は対等ではない．一方（独立変数）が決まれば他方（従属変数）が決まる，しかもただ一つに決まるという，非常に強い従属関係をそこ

---

4) カントール以来の集合論による写像としての関数は，その変数を17・18世紀的な時間的に「流れる量」（2.1.4項および第2章，脚注21参照）としてではなく，定義域という集合の各要素という「定量」に還元する．そこでは，x は任意の定量で置換できるラベルである．つまり，集合論的な関数概念においては，変量は〈置換ラベル〉という静的なものであるという意味で，古典的な関数概念における「動的変量」とは微妙に異なっている．しかし本書では，以後この点には立ち入らない．

に置いているのである．

しかし，さらに重要なのは，関数概念の中には独立変数が動く範囲として定義域，および従属変数が動く値域がすでに指定されているということである．つまり，定義域 X と値域 Y というデータまで含めて関数概念なのであり，それらは関数の付属品でもなければ，外在的な所与なのではない．

この最後の点について，その重要性を過小評価してはいけない．「定義域・値域まで含めて関数である」ということは十分に強調されるべきである．定義域と値域まで決めなければ関数は決まらない．実際，関数の性質として重要なものの多くは，関数関係 f だけではなく定義域と値域のとり方に強く依存している．例えば，簡単な例として

$$y = x^2$$

という関数関係を考えよう．もし定義域 X も値域 Y も正の実数全体 $[0, \infty)$ なら，これは（グラフを想像すればわかるように）単調増加な関数であり，したがって逆関数[5)]をもつ．しかし，同じ $y = x^2$ を，今度は定義域 X を実数全体 $\mathbb{R} = (-\infty, \infty)$ として考えると，得られる関数は単調増加でも単調減少でもない．特に，その逆関数は存在しない．

この例からわかるように，「単調増加」であるとか「逆関数がある」などのような関数の重要性質の成否は，式で与えらえる関数関係 $y = x^2$ にではなく，むしろその定義域や値域のとり方の方に強く依存している．「関数とは関係（式）だけではない」のだ．上に見たように，関数とは定義域・値域や独立・従属変数，そして関数関係など，多くの概念が絡み合った複合概念なのであり，そうであって初めて一つの「関数」が概念的に成立し，それについてさまざまな性質を語ることができるようになるのである．

ここで，いままでに述べたことを整理しておこう．

(a) 関数において，二つの変量 x, y の立場は平等ではない．

(b) また，独立変数 x の動く範囲（＝定義域）X と従属変数が像を結ぶ領域（＝値域）が（関数という所与の中に）あらかじめ与えられていなければな

5) 具体的にはもちろん $y = \sqrt{x}$ である．

らない．

繰り返すが，最後のポイント(b)の重要性は本書ののちの議論においても重大である．実際，これこそ関数概念の中に潜む「空間概念」や「実体概念」の源泉なのだ．例えば，定義域を考えるということは，独立変数 x がとる値や点の全体という，なんらかの意味で〈空間的なもの〉を考えざるを得ない．その意味でも，関数とは「式」や「言葉」ではないのである．それはなんらかの意味で幾何学的な含蓄を内蔵しており，それは現代的なやり方では集合を使って表されている．つまり，関数とは集合 X から集合 Y への写像であるという立場である．ということは，現代的な関数概念を確立する上で，集合論のような概念装置は不可欠ということになるだろう．しかし，リーマンのころには現代的な集合論の枠組みは，数学の中に存在していなかった．したがって，リーマンにとって上のような現代的な関数概念に近づくことは，不可避的に空間概念，ひいては（現代の集合のような）数学全般のための普遍的な対象概念を創造せざるを得ないことを意味していたのである．その意味で，リーマンによる関数概念をつまびらかにすることは，リーマンによる数学の存在論的刷新のきっかけや動機を明らかにすることにつながるのである．

3.1.2　初期の関数概念の歴史的推移

2.1.4 項において示唆されていたように，西洋数学は 17 世紀の本格始動よりも前の段階で，すでにのちの関数概念に成長する種を胚胎していた．それらは，例えば動体の位置や瞬間速度などの〈変量概念〉であり，その端緒にはマートン学派によって始められた数理的運動学があった[6]．17 世紀になってニュートンやライプニッツがそれぞれ独立に微分積分学を発見するころには，変量概念やそれを表す〈変数〉といった概念は，かなりの程度使いこなされていたと考えらえる．ただ，ライプニッツのころ（17〜18 世紀初頭）になっても，まだ本格的な関数の概念は確立されてはいなかった．例えば，当時の微分積分学が対象とした変量の間の関係は，図 3.1 のような曲線によって表現されていた．

図 3.1 では動点 P が曲線上を動くにしたがって，さまざまな変量が定まる様

[6] 2.1.4 項参照．

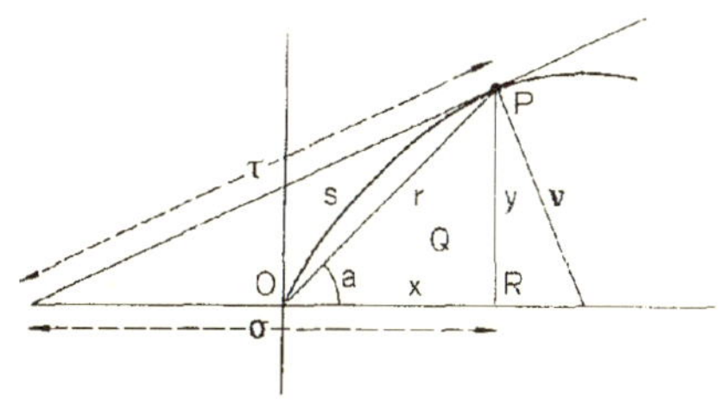

x: abscissa, y: ordinate, s: arclength, r: radius, a: polar arc, σ: subtangent, τ: tangent, ν: normal, $Q = \widehat{OPR}$: area between curve and X-axis, xy: circumscribed rectangle

図 3.1 動点 P に伴う諸変量

子が示されている．まず，直交座標に関する P の横座標（abscissa）x と縦座標（ordinate）y がある．曲線上の定点（図では座標の原点）O を決めれば，そこからの弧長（arclength）s が決まる．また，極座標を考えることで原点からの距離である半径（radius）r や偏角（polar arc）a が決まり，さらに P での曲線の接線を考えることで，図のように正接（tangent）τ や接線影（subtangent）σ が決まるといった具合である．

これらの変量の間には関係があり，もし考えている曲線が（それほど複雑ではない）式で定義される種類のものであるならば，それらの関係を式で表すこともできる．その意味で，ここには確かに関数関係が認められ，関数概念の萌芽がすでにあると考えてよいだろう．しかし，重要なことは，ここではまだこれらの変量はすべて互いに対等なものとして考えられており，関数関係に見られるような強い従属関係は意図されていないという点である．

したがって，まだこの段階では（3.1.1 項で述べたような意味での）関数概念は存在していない．実際，ライプニッツのころから時代が少し下って，1748 年のオイラーにとっても「関数」とはまだ次のようなものであった．

> 「ある変化量の関数というのは，その変化量と幾つかの数，すなわち定量を用いてなんらかの仕方で組み立てられた解析的表示式のことをいう．」[7)]

---

7) オイラー [21], p.2.

つまり，このころのオイラーにとって関数とは〈式〉であった．3.1.1項で(現代的な）関数は式でも言葉でもないと述べたことを思い出して欲しい．しかも，オイラーにとってそれは（解析的表示式のとり方によっては）「xに対してyがただ一つに決まる」という強い従属関係を導く式であるともかぎらなかったのである．つまり，その解析的表示式とは変化量の間の対等な関係を表示した式という認識であった．

ところが，これから7年後の1755年のオイラーは次のように述べて，彼の関数概念をより現代的なものに近づけている．

> 「もしある量が他の量に，もし後者が変化するなら前者も変化するというように依存しているなら，前者は後者の関数と呼ばれる．この名称はもっとも広い種類のものであり，それによって一つの量が他のものによって決まることのできるあらゆる方法を含んでいる．それで，もしxが変量を示しているなら，どんな仕方でもxに依存しているすべての量やそれによって決められるすべての量は，その関数と呼ばれる．」[8)]

ここでは二つのことが以前と比べて刷新されていることに気付く．一つは変量の間の依存関係という形で関数を述べることにより，もはやこれらの量を平等とは考えなくなったということ．すなわち，現代的な独立変数と従属変数の間の強い従属関係に近づいたという点．もう一つは，その依存関係を解析的表示式で表されるものに限定せず，少なくとも権利上は一般的な意味での依存関係を考えるという立場が明確にされている点である．

このように，「解析的」表示式に限定しない，非常に広い意味での関数関係を考えるようになったことの背景には，1747年のダランベール（Jean Le Rond d'Alembert, 1717–1783）の論文によって引き起こされた，いわゆる「振動弦論争」がある[9)]．振動弦の状態を記述する波動方程式の初期関数の選び方として，手でなぐり書きしたようなグラフでも構わないことがオイラーによって見出された．これは関数関係の表現法を抜本的に見直すことになっただけでなく，そもそも関数関係とはなにかという基本的な問題にオイラーを導いたであろう．このこ

---

8) ボタチーニ [8], p.38.

9) 詳しくはボタチーニ [8]，§1.3，カッツ [53]，pp.654ff などを参照．

とから，変量 x を起点として，その変化によって値が変わる変量 y という形での変量間の従属関係が考えられることになったと思われる．そしてこのアイデアは 1755 年の同じ著作の中で考察された高階微分の導入の仕方においても，非常に都合のよいものであった[10)]．

こうして，オイラーにおいて関数は現代的なものに一歩近づいた．その内実は，独立変数 x に対して従属変数 y が決まるという形の，一方向的な従属関係がはっきり意識されたということにある．しかし，1755 年のオイラーにおいても，まだ関数は〈関係〉でしかない．それは式で表されるものではないかもしれないし，手書きのグラフで表される幾何的な関係かもしれない．その意味で，非常に一般的な〈関係〉ではある．しかし，そこにははっきり対象として明示された「定義域」はまだないのである．その意味では，オイラーの「関数」は，まだ現代的なものにはいたってはいない．

その後の状況については，すでに前章の 2.2.1 項で（ごく簡単にではあるが）述べた通りである．つまり，19 世紀に入ってそれまでの「量の科学」としての数学という立場から脱皮して「概念による数学」へと移行する中で，式や言葉による表現に依存するものとしてでない，真に抽象概念としての関数が導入されるようになる．例えば，コーシーやディリクレによる関数の考え方に，そのような歴史の変遷の過程が典型的に見られるわけであるが，そこでは式による表現に拘泥しない，関数関係のより深い本質を抽象概念として把捉しようという意図が見られる．しかしながら，ここでもまだ「定義域・値域」までも含めた成熟した関数概念，関数関係だけでない現代的な複合概念としての関数概念がはっきりと獲得されているわけではないことは注意するべきである．実際，そのような完成度の高い概念にいたるためには，なんらかの意味でのちの集合論に類似した，幾何学的なアプローチが必要とされるのであり，そのようなことを数学で始めるためにはリーマンや，さらにのちのデデキントらによる仕事を待たなければならなか

---

10) Bos [7], 5.6 参照．高階微分は変数の〈刻み方〉（微小変化による区間の分割のとり方）に強く依存する概念であったため，オイラーはこれを追放し，一階微分の式に帰着しようとした．その際，独立変数の選択が必要となる．例えば，$dy = p\,dx$ という式から $ddy = dp\,dx + p\,ddx$ が出るが，ここで x は独立変数と考え $ddx = 0$（つまり x の刻みは一定）として，さらに $dp = q\,dx$ とすると $d^2y = q\,dx^2$ となる（現代的な記号では $q = \dfrac{d^2y}{dx^2}$ である）．

ったのである．

3.2　リーマン関数論の源泉

3.2.1　代数関数の積分

以上を踏まえて，リーマンによる関数論の導入へと話を進めよう．本章の冒頭にも述べた理由により，我々はリーマンによる複素関数論を中心的話題としてとりあげることにする．その直接の動機の一つとしてきわめて重要なものに，当時の西洋数学界で盛んに研究されていた「代数関数の積分」に関連する一連の問題がある．複素関数論の歴史は積分から始まったのだ[11]．

変数 y について次数が 0 でない（複素数係数の）2 変数多項式 $P(x,y)$ による関係式

$$P(x,y)=0 \tag{$*$}$$

によって，y を x の関数（陰関数）と見たときに，$y=y(x)$ は x の代数関数であると呼ばれる．関係式 $(*)$ の左辺は y についての降べきに書き直すと

$$p_n(x)y^n+\cdots+p_1(x)y+p_0(x)=0 \quad (n \geqq 1) \tag{$**$}$$

（ただし，$p_0(x), p_1(x), \ldots, p_n(x)$ は x についての多項式で $p_n(x) \neq 0$）の形になる．しかるに $y=y(x)$ が x についての代数関数であるとは，y が 1 変数 x についての有理関数体 $\mathbb{C}(x)$ 上代数的な元であることであり，その意味で，いわゆる「代数的数[12]」の関数類似である．

上の状況で，さらに x と y についての 2 変数有理関数（つまり，2 変数多項式による分数式で表される関数）$F(x,y)$ が与えられたとき，y を上のように x の代数関数と見ることで，また x についての代数関数 $F(x,y(x))$ を得ることがで

---

[11] ラウグヴィッツ [65]，p.92：「歴史的には，代数や微分法の演算にとどまる限り，100 年以上の間，実から複素領域に形式的に移行することに，なんの問題もなかった．積分が問題になって初めて，このような形式的な移行に，すなわち，「実から虚への」移行にいささか問題があることが示された．複素解析の歴史は，積分によって開始されたのである．」

[12] 複素数 $\alpha \in \mathbb{C}$ が代数的数であるとは，α が整数係数の定数でない多項式 $F(x)$ による方程式 $F(x)=0$ の根になっていることである．

きる．これを（複素平面上の）積分路 γ，例えば実軸上の区間などで積分したもの

$$\int_\gamma F(x,y)\,dx, \qquad P(x,y)=0 \tag{†}$$

が，考えるべき代数関数の積分である．

有理関数は代数関数である．有理関数とは，二つの 1 変数多項式 $f(x), g(x)$ によって $f(x)/g(x)$ と表されるもの[13)]であるが，これは y についての 1 次式 $P(x,y)=g(x)y-f(x)$ によって定義される代数関数である．このとき上の積分 (†) は，したがって，有理関数の積分である．有理関数の積分の計算は古典的な問題であり，そのやり方はとてもよく知られている[14)]．

有理関数でない代数関数の場合は，その積分は一般には簡単に計算できる代物ではない．例えば，古くから考えられてきた例を考えよう．$P(x,y)=y^2-f(x)$ という関係式では，多項式関数 $f(x)$ の平方根 $\sqrt{f(x)}$ として表される代数関数が定義される．これについての (†) の形の積分，例えば

$$\int_\gamma \frac{dx}{\sqrt{f(x)}}$$

のような積分（$F(x,y)=1/y$ とした）は，古くからよく考えられきた．よく知られているように，$f(x)$ が x についてのたかだか 2 次式であれば，この形の積分は適当な変数変換（置換積分）によって有理関数の積分の場合に帰着する[15)]．

---

13) ここで $g(x)$ は定数でもよいが，0（という定数）であってはならない．

14) 部分分数分解を用いて不定積分が具体的に求められる（大学 1 年生の微分積分学の内容である）．例えば，実数係数の有理関数の不定積分は実関数の範囲では，有理関数，対数関数，および逆三角関数を用いて書ける．複素数まで範囲を広げると（多項式が 1 次式にまで分解してしまうので）さらに簡単で，有理関数と対数関数のみを用いて書けるが，複素関数としての対数関数という無限多価関数を考えているので，概念的には難しい．しかし，実の場合との違いは表面上のものでしかない．

15) 次のようにすればよい．関係式 $P(x,y)=y^2-f(x)=0$ を満たす $\mathbb{C}^2$（複素アフィン平面）の点 (a,b) を任意にとる．このとき $b^2=f(a)$ である．$f(x)-f(a)$ は x についてたかだか 2 次式であり，$x=a$ を根にもつので $f(x)-f(a)=(x-a)g(x)$ となるたかだか 1 次式 $g(x)$ がとれる．次に，(a,b) を通る $\mathbb{C}^2$ の直線束を考える．例えば，$y-b-t(x-a)=0$（t はパラメーター）を考える．その各直線と 2 次曲線 $y^2-f(x)=0$ の交点は重複を込めて二つあり，一つは (a,b) である．他の交点を求めるために $y=t(x-a)+b$ と $y^2=f(x)$ を連立して全体を $x-a$ で割ると $t^2(x-a)-g(x)+2bt=0$ となるが，これは x についての 1 次式なので a,b,t に関する有理式 $h(t)$ によって $x=h(t)$ という形の解をもつ．このとき $y=t(h(t)-a)+b$ かつ $P(h(t),t(h(t)-a)+b)\equiv 0$（$t$ について恒等的に 0）であり，$dx=h'(t)\,dt$（$h'(t)$ は $h(t)$ の t に関する微分）なので，最初の積分 (†) は

しかし，$f(x)$ が3次以上の場合は，これを有理関数の積分に帰着することは，一般にはできない[16]．しかるに，この場合，積分は対数関数や逆三角関係などの初等関数では書けないことが（現代では）よく知られている．例えば，上で $f(x) = 1 - x^4$ とすると，有名なレムニスケート積分

$$\int_\gamma \frac{dx}{\sqrt{1-x^4}}$$

が得られる[17]．

3.2.2　陰関数定理と局所表示

代数関数は，その名前には「関数」とあるにも関わらず，一般には関数ではないことに注意しなければならない．というのも，関係式 $(**)$ を見ればわかるように，一般には x の値に対して y の値が一つに決まるというわけではないからである．$(**)$ において x に値 α を代入すると，y についての（複素数係数の）たかだか n 次の代数方程式が得られる．求める y の値はこの方程式の根ということになるが，方程式の次数が1よりも大ならば，その値は一般に複数存在してしまう．つまり，x の値に対して y の値は一般に複数あり得るということだ．3.1.1項で見たように，関数概念の中の関数関係は，独立変数 x の各値に対して従属変数 y の値が一つに決まるという，非常に強い従属関係でなければならなかった．しかるに，x の値に対して y の値が一つに決まるとはかぎらない代数関数は，一般には関数ではないということになる[18]．一般に代数関数のように，x の値に対して y の値が（x に従属して）いくつか決まる（一つとはかぎらない）ような関数関係をもった関数を「多価関数」などと呼ぶことも多い．代数関数

$$\int F(x,y)\,dx = \int F(h(t), t(h(t)-a)+b)h'(t)\,dt$$

と，t についての有理関数の積分に変形される．

[16] 3次曲線 $y^2 = f(x)$ が通常2重点や尖点特異点をもつ場合などは有理化できる．この場合は，特異点（2重点）を通る直線束を用いて脚注15）のように計算すればよい．例えば $f(x) = x^3$（原点で尖点特異点をもつ場合）ならば，原点を通る直線束 $y = tx$ を考えることで，$x = t^2$, $y = t^3$, $dx = 2t\,dt$ となるので，$F(x,y)\,dx = 2tF(t^2, t^3)\,dt$ となる．3次曲線 $y^2 = f(x)$ が特異点をもたない場合（つまり，楕円曲線になる場合）は有理化できない．

[17] レムニスケート積分については，例えば高木 [87]，p.136，高木 [88]，§6, §7，Siegel [83], Chap. 1, §1, §2 などを参照．

[18] 実はこのような言い方も，厳密にはあまり正確ではない．関数か関数でないかを判定するのであれば，そもそもその定義域・値域についても考えなければならない．

$y = y(x)$ においては，x の値に対して y の値はたかだか有限個なので，特に有限多価関数とも呼ばれる．

代数関数は一般に多価関数なのであり，したがって，これを通常の一価関数のように考えるためには工夫が必要である．一般には y を x についての陰関数として，その局所的な分枝に分けて考えなければならない．例えば，$(x, y) = (a, b)$ において

$$P(a, b) = 0, \qquad \frac{\partial P}{\partial y}(a, b) \neq 0$$

であるならば，複素平面上の $x = a$ の近傍 U で定義された一価関数 $y = y(x)$ で，U 上で $P(x, y(x))$ が恒等的に 0 であり，$y(a) = b$ となるものが存在する（陰関数定理）．こうすることで確かに一価関数 $y = y(x)$ を得ることは可能であり，しかも多くの場合，それを計算で求めることも可能である[19)]．しかし，その際注意しなければならないことは，こうして得られた関数の分枝は $P(x, y)$ の y 微分が消えない点のまわりでのみ，しかも一般には小さい近傍上でしか定義されないということである．つまり，この方法では，確かに計算によって代数関数を式で表現することはできても，それは小さい定義域でしか通用しない「局所的な表現」に過ぎない．

実際，代数関数 $y = \sqrt{1 - x^4}$ の $x = 0$ の周りの $y(0) = 1$ を満たす分枝を考える（脚注 19 参照）ことにより，レムニスケート積分の不定積分の級数表示

$$\begin{aligned}\int \frac{dx}{\sqrt{1 - x^4}} &= \sum_{k=0}^{\infty} \frac{1}{4k+1} \frac{(2k-1)!!}{2^k k!} x^{4k+1} + C \\ &= C + x + \frac{1}{10}x^5 + \frac{1}{24}x^9 + \frac{5}{208}x^{13} + \frac{35}{2176}x^{17} + \cdots\end{aligned}$$

（C は積分定数）を得ることができる[20)]．しかし，これは $x = 0$ を中心とする半

[19)] 例えば，レムニスケート積分の場合，$P(x, y) = y^2 + x^4 - 1$ なので $(x, y) = (0, 1)$ で陰関数定理の条件を満たしている．そこで $y(0) = 1$ となる解が存在するわけだが，これは分数べきの二項定理

$$y = (1 - x^4)^{\frac{1}{2}} = \sum_{k=0}^{\infty} \binom{\frac{1}{2}}{k} (-x^4)^k$$

で具体的に求められる．この級数の収束半径は 1 なので，U としては複素平面上の原点を中心とする半径 1 の開円盤がとれる．

[20)] これは脚注 19 のアイデアを用いて容易に計算されるが，項別積分を使わなければならない．すなわ

径1の開円盤の範囲でのみ有効な表示であり，したがって，この積分の大域的な性質はほとんどなにも反映されない．例えば，レムニスケート積分には加法定理などの顕著な性質があり[21]，それは広大な楕円関数論への入り口なのであった．しかし，このような大域的な構造は，上の級数表示を見ていてもおそらくなにもわからないのである．

ここで思い起こされるのは，前章の2.2.1項において述べた，19世紀初頭の数学の状況であろう．19世紀初頭の西洋数学では，式による計算が過剰に複雑となってしまったために，その進歩が頭打ちになってしまっていた．その閉塞状況の一つの典型的な顕れを，ここに見ることができる．微分と違って，積分は大域的な操作である．その理解のためには，ある点のまわりだけの構造を見ればよいのではなく，積分範囲全体における関数の挙動が十分詳しくわからなければならない．しかるに，式による計算のみでこれを行おうとしても，上で見たように，それは局所的な範囲でしか，つまり局所的な定義域においてしか可能ではない．したがって，積分について十分大域的な理解を得ようとするならば，具体的な計算のみによるのではない，抜本的に新しい方法が必要となる．

3.2.3　アイデアの源泉

この抜本的に新しい方法は，いま見たような局所的・定量的な計算ではもはや太刀打ちできないような状況を打開できるものでなければならない．いわば「大域性と定性性」を備えた方法でなければならない．式の計算による方法——2.2.1項の言葉では「量による数学」——のやり方では，上の議論でも十分に示されたように，これを実現することは不可能である．リーマンは自身の複素関数論のアプローチにおいて，このような「大域性と定性性」を備えた数学のや

ち，$1-x^4$ のべき指数 $-\dfrac{1}{2}$ の二項展開をして項別積分すればよい．その際，その二項係数は

$$\binom{-\frac{1}{2}}{k} = (-1)^k \frac{(2k-1)!!}{2^k k!}$$

と計算されることに注意する．なお，ここで $(2k-1)!!$ は

$$(2k-1)!! = \begin{cases} (2k-1)(2k-3)\cdots 5\cdot 3\cdot 1 & (k \geqq 1) \\ 1 & (k=0) \end{cases}$$

で与えらえる．

[21] 例えば，Siegel [83], Chap. 1, §2.

り方を「概念による数学」において実現しようとした．その詳細について述べる前に，リーマンにとってこの「大域的かつ定性的」な関数論を構築する上で，なにをそのアイデアの源泉として過去から受けとっていたのかについて，簡単に述べておこう．

まず，疑いようのないところとして，ガウスからの影響は甚大であっただろうと推測される．ガウスはリーマンの学位論文「複素一変数関数の一般論の基礎」の主査であったが，その学位論文の形成過程で，リーマンはガウスの過去の仕事を丹念に読み込んでいた[22]．2.2.1 項でも述べたように，ガウスによる複素平面の導入は，当時静かに進行していたであろう「量から概念へ」という地殻変動の中でも意義深い出来事であった．それは直観的・幾何的モデルによる古典的量概念の刷新の先駆であり，ひいては 2.2.2 項で述べたような 19 世紀西洋数学における存在論的革命の先駆け的な事件の一つであったわけだが，ガウスからリーマンが受けとったであろう影響は，おそらくこれだけにはとどまらない．実際，ガウスはリーマンに先立って，すでに複素関数についての本質的な概念・結果を得ていたことはよく知られている．また，ガウスとヴィルヘルム・ヴェーバーによる電磁気学の論文においては，ディリクレ原理型のポテンシャル理論がすでに論じられている[23]が，これはリーマンの複素関数論におけるもっとも重要な理論的支柱の一つとなる．リーマンは四学期にわたって継続的にガウスとヴェーバーの論文を図書館から借り出している[24]．

ディリクレからの影響も少なくない．リーマンはベルリン大学でディリクレの数論，定積分論，偏微分方程式の講義を聴講している．ディリクレはその後，1855 年にガウスの後任としてゲッティンゲン大学に招聘されるが，この時代にディリクレ，リーマン，デデキントの三人がいたことで，ゲッティンゲンの数学教室は最初の盛期をむかえる．ディリクレは数学を議論するにあたって，盲目的な計算をできるだけ概念的な思考に置き換えて議論することを信条としていた

---

[22] Neuenschwander [70], pp.89-90.

[23] クラインは次のように述べている（クライン [54]，p.23）：「ガウスは果たしてポテンシャル論と複素関数論の関連を知っていたであろうか．多くの根拠から，この問題の肯定的解答がきわめて確からしく思われる．しかしガウスはこのことについて，何らかの形で自分の考えを述べたことは一度もなかった．」

[24] Neuenschwander [loc. cit.], p.90.

が，このような姿勢が「量から概念へ」の思潮の変化をリードし，リーマンの数学に根底から影響をおよぼしていたことは容易に推測できる[25]．後述するように，リーマンは自分の主定理（有理型関数の存在定理）を証明する上で本質的だった，いわゆる「ディリクレ原理」における調和関数の存在を証明することはできなかったが，しかし，盲目的計算の最小化解である「調和的議論」の存在を示すことで「第二のディリクレ原理」[26]を証明したとは言えるかもしれない．

ピュイズーもリーマンに多大な影響をおよぼした一人である[27]．ピュイズーは代数関数の分岐点における分数べき級数，今日呼ばれるところの「ピュイズー級数」を導入し，代数関数の正則点だけでない一般的な点での考察に道を開いた[28]．

リーマンの同世代人としては，もう一人，当時ベルリン大学にいたアイゼンシュタイン（Ferdinand Gotthold Max Eisenstein, 1823-1852）の名前をあげることができる．リーマンは彼の楕円関数論の講義を聴講し，複素関数について互いに論じ合った仲であった．しかし，アイゼンシュタインが式による関数の表示に拘泥したのに対して，リーマンは後述のようにこれとは異なる道を選んだ[29]

そしてなんと言っても，リーマンの関数論の離陸を直接後押ししたのは，コーシーの数学である．これについて，真偽のほどはわからないが，印象的なエピ

---

[25] ラウグヴィッツ [65]，p.356.

[26] H. ミンコフスキー（[65]，p.356 より引用）:「リーマンが命名したディリクレの原理は，初め若いウィリアム・トムソンの手で育てられたかもしれないが，他にもディリクレの原理と呼ぶべきものがあって，それは盲目的計算を最小限にし，見通しの良い概念的思考を最大限にして，問題解決を図るものである．これによって，数学史における近代は，その時代が画されている．」原文：“Mag auch das von Riemann Dirichletsches Prinzip benannte scharfe Schwert zuerst von William Thomspons jungem Arm geschwungen sein, von dem anderen Dirichletschen Prinzipe, mit einem Minimum an blinder Rechnung, einem Maximum an sehenden Gedanken die Probleme zu zwingen, datiert die Neuzeit in der Geschichte der Mathematik.”

[27] デュドネ [20] 第 I 巻，p.169 参照.

[28] Puiseux, V.A. Recherches sur les fonctions algébriques. *Journal de Mathématiques*, **15**, 1850, 365-480.

[29] デデキント [17]，p.350 :「リーマンが後に語ったところによると，その講義では，関数の理論における複素数の導入について二人で論じ合ったが，このときアイゼンシュタインとリーマンとでは，基礎になる原理に関して，まったく考えが異なっていたという．アイゼンシュタインは式計算に固執した．」原文：“Riemann hat später erzählt, dass sie auch über die Einführung der complexen Grössen in die Theorie der Functionen mit einander verhandelt haben, aber gänzlich verschiedener Meinung über die hierbei zu Grunde zu legenden Principien gewesen seien; Eisenstein sei bei der formellen Rechnung stehen geblieben...”

ソードが知られている[30]. シルベスター（James Joseph Sylvester, 1814–1897）の回想によれば，彼がニュルンベルグに滞在したとき，ベルリンからプラハに向かう本屋と知り合った．その本屋はベルリン大学でリーマンと同級だったということであった．彼の話によると，彼らがベルリン大学にいたころのある日，フランスの学会紀要（Comptes rendus）の数号分がパリから届くと，リーマンは数週間も部屋に閉じこもってしまった．再び彼が友人たちの前に姿を現したとき，コーシーの新しい論文について語りながら「これは新しい数学だ」と言ったという．

この回想が事実かどうかはさておき，コーシーの仕事がリーマンに多大な影響とヒントを与えたことは疑い得ない．ノイエンシュヴァンダーによれば，リーマンは学位審査のための下書き原稿の中で，彼の解析関数の定義について，次のように書いている．

> 「この視点は，フランス人の中でも複素数量の理論に専心した最初の，そして主要な人物であるコーシーのものであり，今年の 3 月 31 日のパリ学士院の会合でピュイズーの仕事を報告した中で表明され，さらにその後の彼の発言の中でも度々追求されたものである．」[31]

実際，複素数を値にもつ独立変数に対して，複素数を従属変数の値として返す複素関数についての初期の解析学的な基盤は，その多くをコーシーによっている．今日でも大学数学の専門課程の初年度に教わる関数論の冒頭では，複素微分可能性をとりあげるのが常であるが，複素微分可能性は複素平面上での極限の存在を前提とするため[32]，実の場合と異なり解析性の強い条件となる．具体的には，複素独立変数 $z = x + yi$ についての複素関数 $f(z) = u + vi$ について，その複素微分可能性は，いわゆるコーシー–リーマン方程式

---

[30] ベル [5] 下巻，p.213.

[31] Neuenschwander [loc. cit.], p.91. 原文（Neuenschwander [69], p.9）: “Diese Ansicht ist von Cauchy, welcher sich unter den Franzosen zuerst und am meisten mit der Theorie der complexen Größen beschäftigt hat, in der Sitzung der Par[iser] Ak[ademie] v[om] 31. März dieses Jahres bei Gelegenheit eines Berichts über eine Arbeit von Puiseux ausgesprochen worden und in mehreren folgenden Vorträgen weiter ausgeführt.”

[32] つまり，実部の微分 dx と虚部の微分 dy にバラバラに依存するのではなく，複素変数 $z = x + yi$ のみに依存するという条件が課せられる．

$$u_x = v_y, \quad v_x = -u_y$$

と同値となる．これらのことは，すでに1851年初めのコーシーの論文には述べられている[33]．また，今日でも関数論の教科書には「コーシーの積分定理」や「コーシーの積分公式」など，コーシーの名が冠されている定理が多く載せられているが，このこともリーマン以前からコーシーがかなりの程度複素関数論を完成させていたことを伺わせる．

それほどまでに，すでにコーシーによって複素関数論ができあがっていたのだとしたら，リーマンがこれになにを付け加えたというのであろうか？　コーシーになかったものは「幾何学的視点」であり，関数を写像と見る視点である．写像としての関数とは3.1.1項で詳説したような〈複合概念〉としての関数のことであるが，そこでも指摘したように，この形の関数概念を運用するには，特にその「定義域」概念を通して，なんらかの意味での空間的な表象を数学にもち込む必要があった．そのような意味での関数概念は，コーシーにはまったく「縁のないものだった」[34]と言ってよい．それに対して，リーマンは最初から幾何学的視点を携えて彼の関数論を構築した[35]．リーマンの意図がなんであったにせよ，この視点は「計算を概念的思考で置き換える」という〈第二ディリクレ原理〉につながるものであり，関数の大域的かつ定性的な考察を可能にするものであった．そしてこの，ある意味きわめてシンプルな視座のシフトによって，リーマンの関数論はきわめて画期的な大理論へと成長することになるのである．

3.3　リーマンの複素関数論

3.3.1　関数に対する幾何学的視点

リーマンの数学上の業績は多岐にわたるとはいえ，そのすべては解析学に属するものと解釈されるべきである[36]．あるいは，別の言い方をすれば，彼の業績

---

[33] ラウグヴィッツ [65]，p.86.
[34] ラウグヴィッツ [loc. cit.]，p.87.
[35] デュドネ [20] 第I巻，p.172.
[36] ラウグヴィッツ [loc. cit.]，p.53.

はどれも，現代的な意味での解析学の手法や問題意識が出発点になっている．その「解析学」に対するリーマンの基本理念は，式による計算でない，概念による思考によって物事を議論するというもの，すなわちディリクレがリーマンに遺した前述の「第二ディリクレ原理」であった．そして，リーマンにとってその概念による思考とは，幾何学な概念および物理的直観に根ざした同時多面的な総合的思考である[37]．

この基本理念はすでにリーマンの学位論文の冒頭における複素関数の解釈に色濃く表れている．第1節で正則関数（リーマンは単に「$x+yi$ の関数」と呼ぶ）の定義を簡潔に述べたあとに，第2節ではその冒頭から次のような，きわめて〈幾何学・直観的〉な記述を開始する．

> 「量 z も量 w も複素数値をとる変化量と考えよう．2次元の連結領域の上に広がるこのような変動の理解は，空間的直観に関係づけることで容易になる．
> 量 z の値 $x+yi$ は直交座標 x, y の平面 A の点 O により表現され，量 w の値 $u+vi$ は直交座標 u, v の平面 B の点 Q で表されると考える．そのとき，w の z への依存性は，点 Q の位置の，点 O の位置へのそれとして表される．z の各値に対して，z とともに連続的に変化する w の値が対応するとき，すなわち，u と v が x と y の連続関数であるとき，平面 A の各点に平面 B の点が対応し，一般に，線には線が，連結面分には連結面分が対応する．したがって，w の z の依存性を平面 A から平面 B への写像として，心に描くことができる．」[38]

---

[37] 当時の解析学，特に大学で教えられている一般的な解析学の潮流は代数解析的なものであり，解析学を代数学に還元し（つまり算術化し），位相的な議論を避けるという立場であった．そのため，「リーマンの若い頃に……計算中心主義的立場や形式代数的立場を捨て去り，概念による思考へと進路を見出したのは，決して自明な選択ではない．」（ラウグヴィッツ [65]，p.63.）しかし，リーマンがその後も常に直観に徹し，理論を軽視したというわけではない．むしろ，関数論における幾何的直観による議論を基礎付けることが動機の一つとなって，のちの多様体概念に到達することになる．4.1.2 項参照．

[38] リーマン [76]，p.2. 原文（[75]，p.5）："Sowohl die Grösse z, als die Grösse w werden als veränderliche Grössen betrachtet, die jeden complexen Werth annehmen können. Die Auffassung einer solchen Veränderlichkeit, welche sich auf ein zusammenhängende Gebiet von zwei Dimensionen erstreckt, wird wesentlich erleichtert durch eine Anknüpfung an räumliche Anschauungen.
Man denke sich jeden Werth $x+yi$ der Grösse z repräsentirt durch einen Punkt O

ここでは複素独立変数 z から複素従属変数 w を与える関数の見事な幾何学的解釈が，きわめて印象的に語られている．リーマンが関数を，〈平面〉という空間表象をよりどころとして，幾何的に読み替えようとしていた意図は明白である．関数は二つの記号 A, B によって概念的に区別された複素平面——一つは $z = x + yi$ を，もう一つは $w = u + vi$ を複素座標とする——の間の対応という形で描写される．この描写では平面 A の各点 O が，平面 B の点 Q に写されるわけだが，この「幾何的」描像をさらに強調するために，リーマンは平面上の線や面片などの図形が，また他の平面の図形に写されるという直観的描写を与えて，読者の直観的理解を助けている．のみならず，その依存性（3.1.1 項の言葉では「関数関係」）を「写像（Abbildung）」として「心に描く（vorstellen）」ことができると述べている．

「Abbildung（絵・図）」あるいは「abbilden（写す・描く）」というドイツ語は日常的なものであるから，これを「写像」の意味で最初に用いたのは歴史上いつなのか，という問題にはどうしても微妙さが残るであろう．しかし，上のような幾何的表象に基づいた写像概念をはっきりと言明したのはリーマンが最初であり，現代の集合論に依拠した写像概念はその延長線上にあるのだということを踏まえると，この論文が「Abbildung」という言葉を現代的な「写像」に近い意味で用いた最初のものと言えるかもしれない[39)]．ドイツ語で「Bild」は図象とかイメージとかを表す一般的な単語であるが，それが転じて心象やアイデアをも比喩的に表し，「心の中の像」という意味合いをもつ．これに「ab-」という「分離」を表す前綴りがつくことによって「模写による」「写しとられた」図像という意味合いが入る[40)]．この言葉と，上の引用では一緒に使われている

der Ebene A, dessen rechtwinklige Coordinaten x, y, jeden Werth $u + vi$ der Grösse w durch einen Punkt Q der Ebene B, dessen rechtwinklige Coordinaten u, v sind. Eine jede Abhängigkeit der Lage des Punktes Q von der des Punktes O. Entspricht jedem Werth von z ein bestimmter mit z stetig sich ändernder Werth von w, mit andern Worten, sind u and v stetig Functionen von x, y, so wird jedem Punkte der Ebene A ein Punkt der Ebene B, jeder Linie, allgemein zu reden, eine Linie, jeden zusammenhängenden Flächenstücke ein zusammenhängendes Flächenstück entsprechen. Man wird sich also diese Abhängigkeit der Grösse w von z vorstellen können als eine Abbildung der Ebene A auf der Ebene B."

[39)] ちなみにラウグヴィッツ [65]，p.88 には，写像概念はいま我々が検討しているリーマンの論文のころ（あるいはそれ以降）に，デデキントの仕事が端緒となって考えられるようになったとある．

[40)] その意味で，日本語の「写像」という言葉は，見事に「Abbildung」の直訳になっている．

「vorstellen（心に描く）」という言葉を合わせて考えてみても，ここでリーマンは読者に関数をメンタルイメージによって直観的に把捉することを期待していることがよくわかる．

それはともかくとしても，こうしてリーマンによってはっきりとした「幾何学化」の意図のもとに，写像としてイメージ化された関数概念を見てみると，それが3.1.1項で我々が検討した現代的な関数概念に非常に近付いたものになっていることがわかる．もちろん，まだ現代的に厳密なあつかいではないにしても，上の引用の中には，3.1.1項で列挙した「関数概念」の三つのアイテム——定義域（平面 A）・値域（平面 B），独立変数 z・従属変数 w，および関数関係（$O \mapsto Q$）——がすべて現れていることに気付くであろう．

3.3.2　解　析　性

リーマンが学位論文の中で考察している関数は，複素微分が可能な関数，つまり今日の呼び名では「正則関数」である．大学学部教育における関数論の課程でも学修するように，開領域 U を定義域とする複素関数 $w = f(z)$ が U 上で正則（holomorphic）であるとは，次の互いに同値な条件の一つ（したがってすべて）を満たすことである．

(a)　$w = f(z)$ は U 上の各点で複素微分可能である．すなわち，任意の $a \in U$ について，極限値

$$\lim_{z \to a} \frac{f(z) - f(a)}{z - a}$$

が存在する．

(b)　$z = x + yi,\ w = u + vi$ とするとき，U 上でコーシー-リーマン方程式

$$u_x = v_y, \quad v_x = -u_y$$

が成立する．

(c)　$w = f(z)$ は U 上の各点 $a \in U$ のまわりで，正の収束半径をもつべき級数

$$\sum_{k=0}^{\infty} a_k(z-a)^k = a_0 + a_1(z-a) + a_2(z-a)^2 + \cdots$$

に展開される[41)].

リーマンは (b) の条件によって関数の正則性を導入しているのであるが，ここでリーマンが，べき級数展開（テイラー展開）可能性によって正則関数を導入しなかったことには，おそらくはっきりとした意図がある．つまり，主に「局所的な定量計算」の文脈になじみやすい (c) の定義ではなく，大域的かつ定性的な性質としての解析性を目指していたリーマンにとって，(b) の定義の方がより理にかなっていた．この点は，リーマンによる関数論の流儀と鮮やかな対照をなす，ワイエルシュトラス（Karl Theodor Wilhelm Weierstraß, 1815–1897）の流儀との対立軸にもなっている．実にワイエルシュトラスは (c) の流儀の定義を採用し，関数論を徹頭徹尾べき級数によって算術的・代数的に展開しようとした．その理論は厳密・緻密をきわめ，リーマンのような直観的アプローチの対極を行っていた．ワイエルシュトラスがリーマンのやり方にまったくなじめなかったことは有名である[42)]．また，3.2.3 項にも述べたように，リーマンはベルリン大学にいた当時，アイゼンシュタインと複素関数について互いに論じ合うことがあったが，アイゼンシュタインが式による関数の表示に固執したのに対して，リーマンの考えはこれとはまったく異なっていたという．

いずれにしても，リーマンにとって関数とは彼の微分方程式（コーシー-リーマン方程式）を満たす〈写像〉という抽象的な姿が重要であり，べき級数や三角級数などによる具体的な表記は補助的なものでしかなかった[43)]．このような立場の利点は，べき級数で書くことがほとんどなんの重要性ももたない類の関数，例えばディリクレ級数で書かれるゼータ関数のように，その重要性——この場合

---

41) 他にも，U の各点のまわりの単連結近傍でコーシーの積分定理が成立することも同値な条件の一つである（モレラの定理）．

42) ラウグヴィッツ [65]，p.111．また，リーマンとワイエルシュトラスの関係については Neuenschwander [70], pp.93ff に詳しい．

43) ラウグヴィッツ [loc. cit.]，p.103：「リーマンにとって本質的なのは，あの微分方程式であって，級数によるにせよ，コーシーの積分公式によるにせよ，表示式ではない．線形微分方程式の解をどのように接続するのかということは，彼にとって自明の領域に属する．解析接続は，彼には，全く疑問の余地のないことなのである．」

は特に素数分布との関連性——が関数の大域的挙動にこそ存しているような関数をも，その射程に収めることができるということにもある．

3.3.3 大域性と定性性

かくして，リーマンは「コーシー-リーマン方程式を満足する複素平面領域から複素平面への写像」という形で複素関数を導入し，関数の大域的かつ定性的な理論に向けて舵を切った．その上で，この大域性と定性性を維持しつつ関数論を進展させるために，式を使わず概念によって関数を特徴付け，記述する方法を考察することになる．

これについて，リーマンは 1851 年の学位論文「複素一変数関数の一般論の基礎」の中で，ディリクレ原理に基づいた関数の記述を与えている．すなわち，ある単連結領域 Ω 上の正則関数は，次のデータで完全に決定される．

(a) 境界 $\partial\Omega$ 上の連続関数——求める関数 $w = u + vi$ の実部 u の境界値 $u|_{\partial\Omega}$.
(b) 一点 $p \in \Omega$ と任意実定数 c——定数差の不定性を除去するための条件 $v(p) = c$.

(a) の所与よりディリクレ問題を解いて調和関数 u を得るが，f はこれより定数差を除いて決まる．実際，求める関数 $f(z) = u + vi$ の微分はコーシー-リーマン方程式より $f'(z) = u_x - u_y i$ となり，u だけに依存している．逆に u の調和性から $u_x - u_y i$ は正則であり，したがって（コーシーの積分定理から）単連結領域 Ω 上で不定積分をもつ．すなわち，$f(z)$ が定数差を除いて決まることになる．よって，(b) から積分定数を決めて f が決定される．

こうして，関数 f を直接的に式で表現しないでも，その性質から概念的に関数を特定できることがわかる．このやり方のよいところは，単連結であれば，基本的にはいかなる領域でも適用可能であるところにある．もし Ω が境界のない単連結領域，つまりリーマン球面ならば，(a) のデータは自明になってしまうので関数は (b) のデータのみで決まることになり，リーマン球面上の正則関数は定数関数にかぎる[44]ことになる．この議論はいささか形式的に過ぎるのであるが，

[44] 任意の実定数 b による複素定数関数 $\alpha = b + ci$ は (b) を満たすので，一意性から f は定数関数 α に一致する．

結果はもちろん正しい．実際，この結果は次の有名な事実から直ちにしたがう：「複素平面上いたるところで正則でかつ有界な関数は定数である．」これは現在では「リューヴィルの定理」と呼ばれているが，リューヴィル（Joseph Liouville, 1809-1882）とは独立にリーマンもコーシーの積分公式を用いて導いている[45]．「リーマンにとってこの定理は，関数が本質的にその特異点によって決定されるということを表現するものである」とラウグヴィッツは述べている[46]．

実際，リーマン球面上の有理型関数は，その極の位置（必然的に有限個となる）とそれぞれの位置での極の位数の上限を決めると，たかだか有限個の不定定数を除いて決まる——つまり，与えられた有限個の位置にたかだか与えられた上限位数の極をもつ有理型関数全体は，複素数体 $\mathbb{C}$ 上の有限次元ベクトル空間をなす[47]．リューヴィルの定理はこの事実の特別な——つまり指定する極の位置の個数が 0 個の——場合である．

上ではリーマンによる定性的議論が適用される現場として，主に関数をつくる場面を想定しているが，それだけでなく，二つの与えられた関数 f, g を比べて，等しいとか定数差しかないとかを議論する場面でも，リーマンの概念的手法は威力を発揮する．このような場合，従来であれば f と g をそれぞれ式で書いて，一方を式変形して他方と見比べるというような議論が必要であった．しかし，リーマンの方法では，例えばいわゆる「一致の定理」やリューヴィルの定理などを駆使することで，式によるよりも格段に見通しのよいエレガントな議論[48]をすることができる．リーマン自身も学位論文の中でこの点を指摘している[49]が，これは彼自身もこの点を重要視していたことを示唆している．リーマ

---

[45] ラウグヴィッツ [loc. cit.], p.105.

[46] ラウグヴィッツ [loc. cit.], p.105.

[47] 有限個の極の位置 $a_0, a_1, \ldots, a_n \in \widehat{\mathbb{C}}$（ただし，$a_1, \ldots, a_n \neq \infty$）を指定したとして，各 a_i でたかだか k_i 位の極をとる関数 $f(z)$ を考える．その a_i での主要部を $p_i(z) = c_{i1}(z-a_i)^{-1} + \cdots + c_{ik_i}(z-a_i)^{-k_i}$（$a_0 = \infty$ なら $p_0(z) = c_{01}z + \cdots + c_{0k_0}z^{k_0}$）として $g = p_0 + p_1 + \cdots + p_n$ とすると，$f - g$ はリーマン球面 $\widehat{\mathbb{C}}$ 上いたるところで正則なので定数．よって，$f = c_{00} + g$ という形であり，結局 f は全部で $1 + k_0 + k_1 + \cdots + k_s$ 個の定数 c_{ij} を決めれば完全に決まることがわかる．ちなみにこれはいわゆる「リーマン-ロッホの定理」の特別な場合である．

[48] 脚注 47 の議論はその典型である．

[49] リーマン [76], p.30：「例えば，同じ関数の二通りの表示式が等しいことを証明するためには，以前なら，一方を他方に変換する，すなわち，変量のすべての値に対し両者が一致することを示さなければならなかったが，いまでは，ずっと少ない範囲で一致することを証明すれば十分である．」原文："Um z.B. die Gleichheit zweier Ausdrücke derselben Function zu beweisen, musste man

ンの関数論は，従来の〈計算の達人〉による名人芸的な式変形の事実上の限界を乗り越える新しいプログラムを提示しているということを，リーマン自身も明確に認識していたのである．

基本的には以上のような方法でリーマンは正則関数を，境界値や特異点の位置および位数といった〈定性的な〉データによって，（ディリクレ問題の解における積分定数などの）たかだか有限個の未定定数を除いて決定する方法を与えることに成功した．ここに実現された方法こそ，リーマンによる複素関数の定性的な考察に道を開くものであり，関数の大域的な性質を逃すことなく，概念的思考と最小限の計算によって複素関数を論じるための初めの一歩なのである．

なお，リーマンは学位論文ののちの超幾何微分方程式に関する論文「ガウスの級数 $F(\alpha, \beta, \gamma, x)$ で表示できる関数の理論への貢献[50)]」（ゲッティンゲン王立科学アカデミー紀要，第 7 巻，1857）においても，彼による正則関数把捉の方法をフルに活用している．ここでのアイデアは，ガウスの超幾何微分方程式のような（フックス型の）微分方程式においては，（その微分方程式の係数の）特異点の位置と種類が解を特徴付けるというものである．この論文ではこのような「大域的かつ定性的」な議論を縦横無尽に用いることで，ほとんど計算らしい計算をしないで超幾何微分方程式の解空間——つまり有限個の未定定数をもつ解の族[51)]——を求めている．フックス型微分方程式についてのリーマンのこの原理，つまり，微分方程式は本質的にその特異点の位置と種類によって決定されるという基本理念は，のちにヒルベルト（David Hilbert, 1862–1943）がいわゆる「ヒルベルト 23 の問題」の中で第 21 問題として拡張し定式化したことから「リーマン–ヒルベルト問題」と呼ばれている．この問題は 20 世紀中に原理的には解決されたと言ってよい[52)]が，現在でも活発に研究されている問題である．

---

sonst den einen in den andern transformiren, d. h. zeigen, dass beide für jeden Werth der veränderlichen Grösse übereinstimmten; jetzt genügt der Nachweis ihrer Uebereinstimmung in einem weit geringern Umfange."

50) "Beiträge zur Theorie der durch die Gauss'sche Reihe $F(\alpha, \beta, \gamma, x)$ darstellbaren Functionen", リーマン [76]，pp.45-62，Riemann [75], pp.67-83.

51) いわゆる，「リーマンの P 関数」．例えば，[34]，§1.4 などを参照．

52) とはいえ，その具体的記述についてわかっていることはきわめて少なく，その意味では未解決である側面も少なくない．7.1.4 項参照．

3.3.4　リーマン面

ところで，上では単連結領域の上で関数が議論されていたが，単連結でない一般の領域上での記述についても1851年論文「複素一変数関数の一般論の基礎」や1857年論文「アーベル関数の理論」では論じられており，そこで展開される一般の領域についての「位置解析的」議論こそが，リーマン面をも含めた幾何学的対象による大域的な関数論への偉大なる第一歩となっている．

例えば，複素平面内の一般の領域についての位置解析（analysis situs）としては，以下のような考察がなされている．これらの領域は，適当に何本かの切断線を入れて切り開くと，単連結領域にすることができるであろう．図3.2はリーマンの1857年論文からのものであるが，例えば，この図の一番上のもの（2重連結面）は切断線qで切ると単連結となる．他の二つは3重連結面であるが，どれもq_1, q_2という2本の切断線で切ることで単連結面にいたることができる．一般にn重連結面は$n-1$本の切断線で切ることで単連結面になる．得られた単連結領域をΩとすると，その境界$\partial\Omega$には切断線$q_1, \ldots, q_{n-1}$の切り口が，それぞれ対になって存在している．いま，単連結領域Ωに対して上の原理を適用して正則関数fを得たとすると，この関数は一般には切断面の両側，つまり対になっている切り口の間で値が異なるであろう．

すなわち，この場合には領域上に関数を解析接続していくと一般には多価関数が得られるわけだが，逆に領域の方を切断線に沿っていくつものコピーを貼り付けるというやり方によって，もともとの領域上の適切な被覆面をつくれば，考えていた関数はその被覆面上の一価関数（通常の意味での関数）を定めるであろう．こうして一般の被覆面を考察する必要性が自然に生じる．学位論文であった1851年論文においても，第5節目というかなり早い段階で，複素平面の領域にかぎらない一般の被覆面を考えるという基本方針が明確に打ち出されている．

> 「これからの考察において，x, yの変化する範囲は有限域に限る．しかし，点Oの場所としては，もはや平面A自身ではなく，平面Aの上に広がる面Tを考える．平面の同一部分の上に点Oの場所がいく重にも積み重なるという可能性を受け入れるために，互いに重なり合う面について語っても，疑心の念をもたないような表現を選びたい．ともかく，

Zweifach zusammenhängende Fläche.

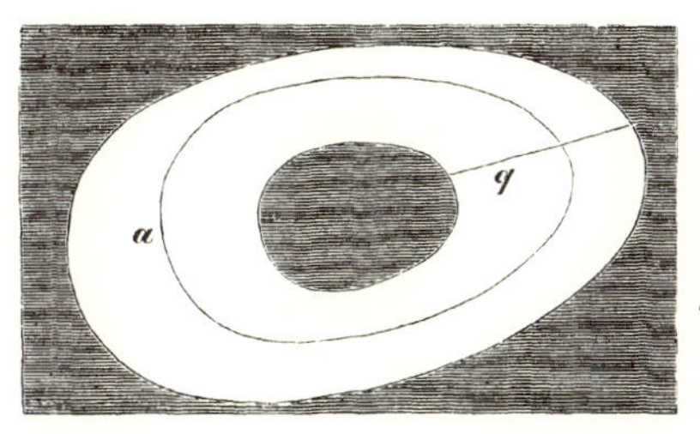

Sie wird durch jeden sie nicht zerstückelnden Querschnitt q in eine einfach zusammenhängende zerschnitten. Mit Zuziehung der Curve a kann in ihr jede geschlossene Curve die ganze Begrenzung eines Theils der Fläche bilden.

Dreifach zusammenhängende Fläche.

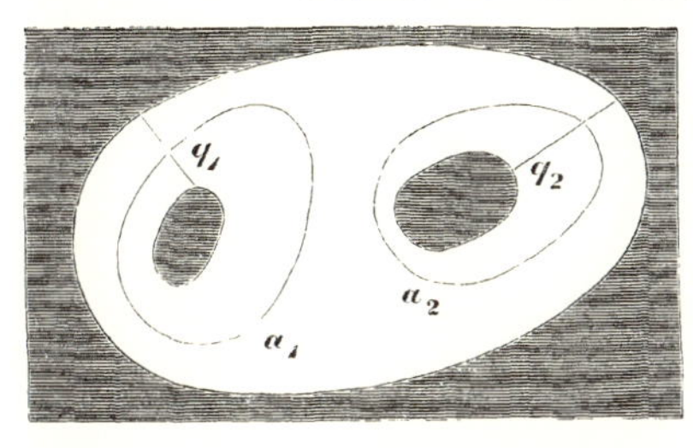

In dieser Fläche kann jede geschlossene Curve mit Zuziehung der Curven a_1 und a_2 die ganze Begrenzung eines Theils der Fläche bilden. Sie zerfällt durch jeden sie nicht zerstückelnden Querschnitt in eine zweifach zusammenhängende und durch zwei solche Querschnitte, q_1 und q_2, in eine einfach zusammenhängende.

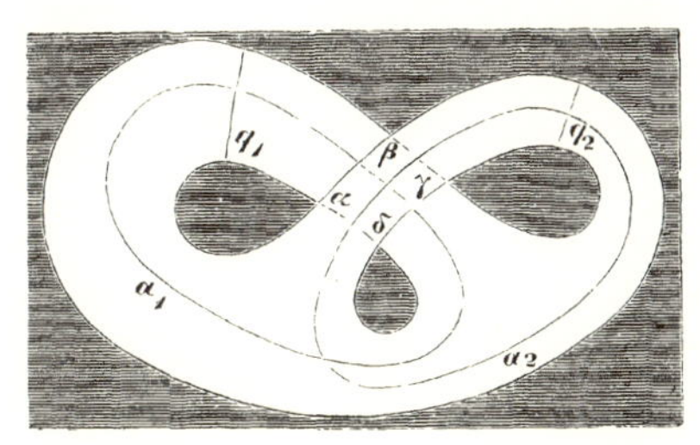

In dem Theile $\alpha\,\beta\,\gamma\,\delta$ der Ebene ist die Fläche doppelt. Der a_1 enthaltende Arm der Fläche ist als unter dem andern fortgehend betrachtet und daher durch punktirte Linien angedeutet.

図 3.2 2重・3重連結面

そのような場合について次の仮定をおく：互いに重なり合う面の部分が線に沿ってつながるということはなく，その結果，面が折れ曲がったり，互いに重なり合う部分へ分裂したりすることはない.」[53)]

---

53) リーマン [76], p.4. 原文（[75], p.7）："Für die folgenden Betrachtungen beschränken wir die Veränderlichkeit der Grössen x, y auf ein entliches Gebiet, indem wir als Ort des Punktes O nicht mehr die Ebene A selbst, sondern eine über dieselbe ausgebreitete Fläche T betrachten. Wir wählen diese Einkleidung, bei der es unanstössig sein wird, von auf einander liegenden Flächen zu reden, um die Möglichkeit offen zu lassen, dass der Ort des Punktes O über denselben Theil der Ebene sich mehrfach erstrecke, setzen jedoch für einen solchen Fall voraus, dass die auf einander liegenden Flächentheile nicht längs

複素平面上の点 O の上に，必要なだけ〈同じ〉点 O のコピーを考えること，それによって，考えるべき関数の多価性を解消することがここでは目論まれており，そのようにして得られた一般的な被覆面上の関数論を展開するという立場がここではとられている．実際，リーマンによるこののちの議論では，上のように考えられた一般の面上で，3.3.3 項で述べたようなディリクレ原理に基づいた関数の記述――大域性と定性性を維持するために，局所的・解析的な「表示式」によらない概念的な方法で関数を定義し特徴付けること――を展開している．

つまり，こういうことである．大域性と定性性の観点から概念による関数の定義・記述を目指す上で，その最良の方策としてリーマンはディリクレ原理による正則関数の導入を採用した．これを単連結領域において展開する上では問題はなかった――つまり，複素平面の領域をそのような関数の定義域として暗黙的に採用することで，概念的にも技術的にも困難なことは起こらなかった――が，単連結でない一般の連結領域の上でこれを行うと，不可避的に多価性の議論をしなければならなくなる．この場合，多価な正則関数についても同様の大域性と定性性を保持しなければならないとしたら，定義域として考えていた面をもともとの領域の上に多葉な被覆面で置き換えることで，関数の多価性を解消するのがもっとも有効で自然な方法である．多価性の分だけ点 O のコピーを考えるというわけであり，つまり，定義域としてよりふさわしいものを選ぶというわけだ．多価性が生じたのは，もともとの領域が〈正しい〉定義域ではなかったからである――3.1.1 項で，関数概念においては「定義域」の概念の役割は大きいと述べていたことを思い出してほしい．それを多葉な被覆面という，よりふさわしい定義域にとり替えることで，考えている関数の本来の姿が復元される．すなわち，多価性が生じているその様態そのものを幾何的にとらえ，そのようにして描画された面そのものを定義域と考え，もともとの多価関数を，いくぶんトートロジカルにその上の一価関数にしてしまうというわけである．

「多くの研究，わけても代数関数とアーベル関数の研究のためには，多価関数の分岐様式を次のようにして幾何学的に描出するのが適切であろ

---

einer Linie zusammenhängen, so dass eine Umfaltung der Fläche, oder eine Spaltung in auf einander liegende Theile nicht vorkommt."

う．(x,y) 平面において，(x,y) 平面とぴったり重なり合うもう一枚の面が（あるいは，ある限りなく薄い物体が (x,y) 平面の上に）広がっている状勢を心の中に描いてみよう．ただしその面は，関数が与えられている範囲にわたって，しかもその範囲に限定されて伸び広がっているものとする．したがって，この関数が接続されていくと，それに伴ってこの面もまた延長されていくことになる．(x,y) 平面の，この関数の二通り，またはいく通りもの接続が存在するような場所の上には，この面は二重または幾重にも折り重なっている．そのような場所の上では，この面は二枚またはいく枚かの葉から構成されていて，それらの葉の各々は関数の一つの分枝を表している……多価関数は，その分岐様式を上記のように描き出す面の各々の点において，ただ一つの定値をもつ．それゆえその関数は，この面の位置についての完全に確定する関数とみなされるのである．」[54]

この 1857 年論文における被覆面の記述は，上に引用した 1851 年学位論文におけるものよりも，いくぶん詳細になっており，多葉な面の具体的かつ適切なイメージを読者にもってもらうための配慮がうかがえる[55]．のみならず，このようにして元々の多価関数が「面の位置についての関数（Function des Orts）」として完全に確定すること，すなわち面を定義域とした一価関数となることが強調されている．

---

[54] リーマン [76]，pp.73-74（一部改変）．原文（[75]，pp.90-91）："Für manche Untersuchungen, namentlich für die Untersuchung algebraischer und Abel'scher Functionen ist es vortheilhaft, die Verzweigungsart einer mehrwerthigen Function in folgender Weise geometrisch darzustellen. Man denke sich in der (x,y)-Ebene eine andere mit ihr zusammenfallende Fläche (oder auf der Ebene einen unendlich dünnen Körper) ausgebreitet, welche sich so weit und nur so weit erstreckt, als die Function gegeben ist. Bei Fortsetzung dieser Function wird also diese Fläche ebenfalls weiter ausgedehnt werden. In einem Theile der Ebene, für welchen zwei oder mehrere Fortsetzungen der Function vorhanden sind, wird die Fläche doppelt oder mehrfach sein; sie wird dort aus zwei oder mehreren Blättern bestehen, deren jedes einen Zweig der Function vertritt... Die mehrwerthige Function hat für jeden Punkt einer solchen ihre Verzweigungsart darstellenden Fläche nur *einen* bestimmten Werth und kann daher als eine völlig bestimmte Function des Orts in dieser Fläche angesehen werden."（強調原文）

[55] リーマンの 1857 年論文における「配慮」は，他にもいくつかの用語の改変にも見てとれる．クライン [54]，p.263 参照．

リーマンによる被覆面は，上記のように非常に一般的な関数の構成に関して考察されたものであり，しかるにその効用の説明を代数関数に限定して行うというのは，すぐあとでも述べるように，まったく正鵠を得ていないのであるが，わかりやすさのために代数関数で考えてみよう．3.2.1 項の $(*)$ の関係式

$$P(x,y)=0 \tag{$*$}$$

で y を x についての代数関数 $y=y(x)$ と見る立場を考えよう．この場合，y の値は x によって一つには決まらず，そのために一般には多価関数となるのであった．リーマンによる被覆面を考えることは，この場合，x を座標とする複素平面の上に，まさに $(*)$ という関係式で定義される $\mathbb{C}^2$（$\mathbb{C}$ 上の 2 次元アフィン空間）内の曲線[56] Σ を考えることである．もちろん，こうして得られた曲線は，一般には特異点[57]があるので，ひとまずはそのような点を除外しなければならない（あるいは解消する）．また，

$$\frac{\partial P}{\partial y}(a,b)=0$$

となる $(x,y)=(a,b)$ においては，x-平面を被覆しない．したがって，そのような点も除外する[58]．以上の例外を除けば，ほとんどの場所で Σ は x-平面の領域を被覆している．そして Σ という面上では，面の位置 (a,b) の関数[59]として y は一価関数である．このことは，もちろん 3.2.2 項で述べた，陰関数の局所表現についての議論とも整合している．実際，上記のような除外点を除けば，$(*)$ を満たす各 (a,b)，つまり Σ 上の位置の周りで y を x について解ける，つまり，べき級数で表示できるのであったが，それこそが位置 (a,b) の周りでの正則関数 y の $x-a$ という局所パラメーターによるべき級数表示に他ならない．さらにこうして得られた面において，分岐点を付け加え，特異点を適切に解消し，さらに無限遠点の上にある点を適切に付け加えれば，最終的に閉じた面（閉リーマン面）が得られ，x および y はその面の上の有理型関数となる．

---

[56] 複素数体上の次元は 1 なので曲線と呼ばれるが，位相的な次元は 2 であるので，位相的には曲面である．

[57] $P(x,y)$ と $\partial P/\partial x$ および $\partial P/\partial y$ の共通零点.

[58] この場合は，その点が特異点でなければ，逆に y-平面を被覆している．

[59] つまり，$(a,b)\in\Sigma$ に対して，その y 座標 b を対応させるという関数.

計算量を最小化した定性的・大域的な関数論を実現する上で，被覆面，あるいはそれの一般概念としての「リーマン面」の導入は重要であった．それは式によるのではなく，位置・位相などの空間的・幾何的な言葉で関数を論じることを可能にした[60]．被覆面の導入によってもたらされた意義は，単に多価関数を一価化するという技術的問題だけではなく，「写像概念と空間概念が，互いに他と密接に関連されることによって現代的（抽象的）なものとして明確化された」ことにある．つまり，被覆面を導入することは，次の二つのことを同時に行うことである[61]．

(1) 「定義域・値域」概念を明確にすることによって写像の概念を確立したこと．
(2) 一意化パラメータの導入によって空間を局所構造から構築するという道を示したこと．

ボタチーニはリーマンによる面の導入について「彼の学位論文の最も輝かしく深遠なものの一つであった．読者は，これは平凡な約束であるが，誰も似たような工夫を前にしたことがないと信ずるようになる」[62]と述べている．実際，この「リーマン面の導入」という事件は，複素関数論のみならず，それ以後の代数幾何学やそれに関連する幾多の分野の発展の端緒ともなる，きわめて深遠な歴史的転換点であった．しかし，その意義はあまりに大きく，特に数学の近現代史の文脈において十分に咀嚼されていないと感じられることも多い．リーマンの関数論はその後の「ヤコビの逆問題」などにおける成功などがクローズアップされ過ぎていることもあり，代数関数論という文脈においてのみとらえられているきらいがあるが，リーマンの「面による関数論」の本質的価値がそこにあるわけではない．この点はリーマンの同時代人や，そのかなり後のブリル（Alexander Wilhelm von Brill, 1842–1935）とネーター（Max Noether, 1844–1921）によってすらも正しく理解されてはいなかったように思われる[63]．確かに上で説明したように，代数関数から被覆面というリーマン面をつくることができる（す

[60] 面上で関数を考えるというリーマンの発想の源には，電磁気学的な直観があったことが指摘されている．例えば，Klein [55] 参照．
[61] ボタチーニ [8]，pp.246–247 参照．
[62] ボタチーニ [loc. cit.]，p.246.
[63] 第 4 章，脚注 4 を参照．

なわち，「関数は面である」）ので，これがリーマン面の本来的姿であると解釈されがちである．しかし，ディリクレ原理を中心にすえて関数論を構築するという彼一流の大域的・定性的な議論の中でリーマンが行おうとしたことの本質は，むしろその逆，すなわち「面は関数である」ということにある．すなわち，被覆面という（複素平面という可視的存在との関係で存在するという）間接的存在様式からさえも独立に，まったく抽象的に与えられた閉じた面の上にも，定数でない（有理型）関数が存在する（リーマンの存在定理）ことをディリクレ原理によって確立することで，逆にそれが代数関数論の対象になるのだということに本質があるわけだ[64)]．リーマンの業績を代数関数論の視座から眺めるだけでは，したがって，その本質のほとんどすべてを見失うことになる．「ヤコビの逆問題」の解決は，確かに偉大な業績の一つではあるが，しかしそれはこの「リーマン面の理論」という壮大な理論の一つの帰結でしかない．リーマン面の理論は代数関数論の〈中の〉理論ではないのである．それは解析学および（射影幾何学などの）幾何学という広範な数学の大海原の中に，代数関数論という学問を位置づけたのであり，そしてそれによって，例えば代数幾何学のような現代的な数学体系が生じることになったのだ．

「リーマン面の理論」が基礎となって提示される壮大な図式は，次の三つの圏の間の自然な圏同値である．

- 閉リーマン面と正則写像のなす圏．
- $\mathbb{C}$ 上の非特異射影代数曲線と $\mathbb{C}$ 上の代数多様体の射がなす圏．
- $\mathbb{C}$ 上の1変数代数関数体[65)]と $\mathbb{C}$ 代数の準同型がなす圏．

これは「面」と「関数」が互いにある種の強い同値性の中にあること，しかもそのすべての面は射影幾何学の対象という代数的な出自をもつものに同型であるという驚くべき内容を示しているのである．そしてこの〈三位一体〉を主導する最も重要な原理が，上に述べた「リーマンの存在定理」，すなわち「面は関数である」というものであり，これさえあれば，あとはリーマン-ロッホの定理（そ

[64)] 定数でない有理型関数の存在は，代数関数論の文脈で最初から代数関数に付随した被覆面として構成されたリーマン面上においては自明である．すなわち，代数関数論の枠組みの中にいるかぎり，「リーマンの存在定理」はまったく不要である．

[65)] $\mathbb{C}$ 上の1変数有理関数体（1変数多項式環 $\mathbb{C}[z]$ の商体）$\mathbb{C}(z)$ 上の有限次拡大体．

の証明はもはや難しくない）などの手続きを経て，上の同値性を示すことができる．いずれにしても，このような驚くべき数学の統合をリーマン面という概念が主導したのは，それがさまざまな数学の本質を一気に統合するだけの，深い含蓄をもった分野横断型の複合概念だったからであろう．「関数」という対象の完成のために（定義域および値域という）幾何的対象を適切に織り込むことから出発することで，関数にまつわる概念系と空間に関する概念系が有機的に統合されることになったわけである．

多価性の解消という点では，リーマンによる被覆面のアイデアは，もともとあった多価性を，定義域の方を多葉なものにすることで一価なものにつくり換えるという発想であり，それ自体は（もちろん気付くのは簡単でないにしても）自然なものであろう．しかし，そのためにしなければならないことは，上記のようないくぶん直観的な把捉の困難な被覆面を考えるということ，複素平面のような——19 世紀当時はこれすら新しい対象であったことは先にも述べたとおりであるが——メンタルイメージをもちやすい対象から一歩踏み出して，抽象的な〈直観的・幾何的対象〉を構想するということであり，そのための認識論的なハードルは高い．そもそも，リーマンが意図していたような被覆面は，複素平面のような直接的なメンタルイメージをもつことが，一般には不可能であるようなものである．例えば，有限位数の分岐点の周囲での被覆面は，一番上の葉と一番下の葉を切断面に沿って貼り合わせなければならないが，その際，積み重なった各葉と交差することなしに貼り合わせることは（3 次元空間の中では）不可能である．つまり，それは自己交差なしには，3 次元空間内に描くことはできない．

「この関数の分岐点のまわりでは，この面のある一枚の葉は他のもう一枚の葉に接続されていく．それゆえそのような点の近傍では，この面はさながら，その点において (x, y) 平面に直立する軸と，限りなく小さな高さのねじれを有するらせん状の面であるかのように想定することができる．もし z がその分岐点のまわりをいく度かまわった後に，この関数が再び以前の値を獲得するとするなら（たとえば，m, n は互いに素な数として，z が a のまわりを n 回転したあとの $(z-a)^{\frac{m}{n}}$ のように），その場合にはもちろん，この面の最上位に位置する葉は，他のすべての葉を横切って，最下位に位置する葉に接続されていくものと受け入れなければならない.」[66)]

また，上で代数関数に付随した被覆面を考えるにあたって，複素数体上の2次元アフィン空間 $\mathbb{C}^2$ の中での図形を考えていたことにも注意しよう．$\mathbb{C}^2$ は実次元では4次元であり，関係式 $P(x, y) = 0$ は4次元空間 $\mathbb{C}^2$ の中での曲面を定義するという状況になっている．このような，感性的に素朴なメンタルイメージをもちにくいものをある程度認識しやすいものにするためには，その被覆面についての抽象的な位相幾何的考察が必要となるわけで，リーマンは論文の第5節以降，いたるところでこのことにも骨を折っている．

リーマンによって導入されたリーマン面のアイデアが，ガウスの複素平面や曲面論から直接のヒントを引き出していたことは間違いない[67)]にしても，それらは複素平面などのような，心の中で直接的に思い描くことのできるものとは存在様式がまったく異なるものでなければならなかった．それは外界的な空間や，その形式としての3次元ユークリッド空間などといった可視的表象の〈存在〉には依存しない，自分自身の〈内側から〉，それ自体として存在できるものでなければならなかったわけである．2.2.3項でも述べたように，このような形での「自体存在」を〈数学の建築学化〉によって確立することこそ，19世紀西洋数学の存在論的革命なのであった．リーマンによる被覆面・リーマン面といっ

---

66) リーマン [76]，pp.73–74（一部改変）．原文（[75]，pp.90–91）："Um einen Verzweigungspunkt der Function herum wird sich ein Blatt der Fläche in ein andered fortsetzen, so dass in der Umgebung eines solchen Punktes die Fläche als eine Schraubenfläche mit einer in diesem Punkte auf der (x, y)-Ebene senkrechten Axe und unendlich kleiner Höhe des Schraubenganges betrachtet werden kann. Wenn die Function nach mehreren Umläufen des z um den Verzweigungswerth ihren vorigen Werth wieder erhält (wie z.B. $(z-a)^{\frac{m}{n}}$, wenn m, n relative Primzahlen sind, nach n Umläufen von z um a), muss man dann freilich annehmen, dass sich das oberste Blatt der Fläche durch die übrigen hindurch in das unterste fortsetzt."

67) Nowak [73], pp.27–28: "The German-language announcement of Gauss's second memoir on biquadratic residues that appeared in the *Göttingische Gelehrte Anzeigen* discussed, among other things, the definition of the complex plane and the progress this allowed Gauss to make in number theory... Riemann was not concerned specifically with the complex numbers; he was drawing a deeper sort of inspiration from Gauss. He was following Gauss's lead in creating space-like objects, and citing Gauss as an authority for the validity of such expansions of the domain of mathematics beyond the limits usually assumed to be imposed by spatial intuition."

た新しい対象の導入は，この革命の遂行の中で新たな，そしておそらくもっとも強力な起爆剤となるのである．

第4章
リーマンの空間概念

4.1 〈面〉から「多様体」へ

4.1.1 リーマン面受容への道

リーマンによって導入された被覆面・リーマン面の概念は，代数関数やアーベル関数の大域的で定性的な考察をする上で自然かつ強力な道具を提供した．実際，リーマンは1857年論文「アーベル関数の理論」において，これを用いたヤコビの逆問題への解決を与えている．しかし，いかにそれが〈自然〉であるように思われたにしても，そのきわめて斬新なやり方の一般への受容には多くの困難があった．リーマンの面による議論——複素平面の領域上の被覆面などの，一般的・抽象的な面の上でポテンシャル論を展開し，複素関数論を議論するというやり方——は，「量の数学」から「概念による数学」というパラダイムシフトの時代にあっても，きわめて前衛的なものであったことは疑い得ない．2.2.1項に述べたような「量から概念へ」の移行が当時すでに進行しつつあったとはいえ，多くの数学者にとっては古典的な意味での量対象を式変形によって処理するという形の議論がまだまだ一般的だったであろう．そのような古典主義的な同時代人にとっては，リーマンの方法は理解しがたいだけでなく，正統的な数学のやり方として許容しがたいものでもあったに違いない[1]．

彼らにとって，面上の関数論という得体の知れないものは，単に「概念的思考」のみならず，その〈面〉というものの数学対象としての受容という，さらに

[1] ラウグヴィッツ [65]，p.177：「計算中心主義的な同時代人たちには，リーマンの実際に行った推論は，不快な気分にさせるものだった．概念的推論というものに不慣れだったのである．」

深く困難で，心理的にも厄介な問題をはらんでいた．すなわち，その〈面〉なるものをどのような意味で数学における「対象」として正当化するか，それをその上で実際に関数論を展開したり，局所パラメーター表示や積分を計算したりすることができる数学の場として，どのように位置付けるのか，そもそもそのようなことが可能であり，しかも得られた結果が「正しい」と主張される根拠はなんなのか，といった問題である．それまで数学は一つひとつ式変形を積み重ねることで結果を出す学問であったし，その結果が疑いなく正しいのも，この堅実な数式操作の積み重ねの結果だからなのであった．理念的な正しさと現実的な正しさは疑いもなく表裏一体のものであり，数式の処理はその「正しさ」を裏切ることなく体現してきた．しかるにいま，その素性がまったく明らかでないどころか，明瞭なメンタルイメージすらもつことのできないような〈モノ〉，現実的な感覚的自然のどこにもそれが表象するものが見出せないような奇妙な〈モノ〉が，対象としての自己を主張し始めたのである．その受容における困難は，したがって，単なる「思考上の慣れ」といった軽微なものではなく，その数学的対象としての存在権利に関わる「基礎付け」の問題という，思想的にも重々しいものであったと推測される[2)]．

リーマンにとってはさらに間の悪いことに，リーマンが面上で関数を構成する上での理論的よすがとしていたディリクレ原理が，厳格な数学的正当性を欠いていたということも，リーマンによる新しい方法の受容に際する人々の不信感を大きくした．閉リーマン面上には常に，定数でない有理型関数が存在するという定理は現在でも「リーマンの存在定理」と呼ばれているが，リーマン自身はこの定理に当時の人々を納得させるような，十分に正当性を主張できる証明をつけることはついにできなかった．このディリクレ原理における数学的難点——ディリクレ積分を最小化する関数の存在が証明されていなかったこと——を指摘したワイエルシュトラスが，のちのちまでリーマンの方法への不信感をもち続けていたことは有名である．ワイエルシュトラスはシュワルツ（Karl Hermann Amandus Schwarz, 1843–1921）宛の手紙の中で，複素関数論は徹底的に代数的・算術的な基盤の上に構築されるべきで，リーマンのような直観的——これをワイエルシ

---

2) Ferreirós [24], p.55: “The notion of a Riemann surface was quite a natural idea, although it posed some difficult problems, including foundational ones.”

ュトラスは「超越論的」と呼んでいる——な方法をその基盤とするべきではないと言明している.

> 「……関数論の原理について考えれば考えるほど——そして私はそれを絶え間なく考えるのですが——これは代数的真理の基盤の上に構築されなければならないこと，もし簡明で基礎的な代数の定理の上にこれを建設する代わりに，手短かに「超越論的」とでも言える方法に訴えることは——例えば，リーマンがそれによって代数関数についてとても多くの最重要性質を発見した方法のように，それがどれだけ一見魅惑的に見えようとも，正しいことではないのだといった信念が強固なものになってきます.」[3)]

ワイエルシュトラスにとって，数学の推論とは自明なことの積み重ねでなければならなかったし，数学の基礎とはそれが可能となるようなシステマティックな基盤でなければならなかった．彼にとって信頼に足る数学の基盤は代数的・算術的なものにかぎられ，複素関数論を含むすべての解析学はそれを基盤として構築されなければならなかったのである．しかるにリーマンが用いた〈面〉概念のような，直観的建造物に推論を頼るようであってはならない．リーマン面は，それが代数関数やその積分の考察にまつわる多くの技術的な困難を解消してくれたし，複素関数に関連する多くの概念を一つの複合概念に一括して目にも鮮やかな形に見せてくれた．そしてそれによって，実際，代数関数やその積分について多くの重要な発見をもたらしたのである．それはきわめて魅力的な理論であった．しかし，ワイエルシュトラスにとっては，その魅力は危険なものと映ったようである.

実際，1870年代から1890年ころにかけてのドイツ数学界では，リーマン的

[3)] H.A. シュワルツへの手紙（1875年10月3日付）．原文（[92]，p.235）：“... Je mehr ich über die Principien der Functiontheorie nachdenke — und ich thue dies unablässig —, um so fester wird meine Überzeugung, dass diese auf dem Fundamente algebraischer Wahrheiten aufgebaut werden muss, und dass es deshalb nicht der richtige Weg ist, wenn umgekehrt zur Begründung einfacher und fundamentaler algebraischer Sätze das »Transcendente«, um mich kurz auszudrücken, in Anspruch genommen wird — so bestechend auch auf den ersten Anblick z.B. die Betrachtungen sein mögen durch welche Riemann so viele der wichtigsten Eigenschaften algebraischer Functionen entdeckt hat.”

な関数論のやり方は，あまり真面目に受けとられていなかった．1894 年になってもブリルとネーターは次のように書いている．

> 「現在の我々の認識では，リーマンが望んだような一般性においてディリクレ原理を適用することは，リーマンの不確定な定義による関数の操作には特に逆らう方向への深刻な疑念を生じさせる．そのような一般性においては，関数の概念は不可解で消失的で，いかなる制御可能な結論も導かない．問題の命題の妥当性を正確に規定するために，最近ではリーマンのやり方は完全に放棄されている．」[4]

それがクラインの仕事や著作，ヒルベルトによるディリクレ原理の復権によって次第に息を吹き返し，世紀の変わり目にリーマンによる関数論とワイエルシュトラスによる関数論が同値なものであることが証明されることで，ようやくリーマンの理論は本格的に名誉回復を果たすのである．リーマンがその 1851 年の学位論文の中で，面の概念を用いた大域的・定性的な方法論[5]を打ち出して以来，それが本来の意味でまともに脚光を浴びるにいたるまで，実に半世紀もの時間を要したことになる[6]．

4.1.2　基礎付けの問題

リーマンの面による関数論は，かくもその受容が困難なものであった．そしてその理由は，それが数学の対象として正統的に認知されるだけのシステマティックな基盤が欠如していたことにあった．ワイエルシュトラスや多くの同時代人

[4] Brill & Noether [12], p.265. 原文：“Die Verwendung des Dinchlet'schen Princips in der von Riemann gewollten Allgemeinheit unterliegt, wie man heute erkannt hat, erheblichen Bedenken, die sich namentlich gegen die Operation mit Functionen von der unbestimmten Definition der Riemann'schen richten. In solcher Allgemeinheit lässt der Functionsbegriff, unfassbar und sich verflüchtigend, controlirbare Schlüsse nicht mehr zu. Um den Gültigkeitsbereich der gestellten Sätze genau zu umgrenzen, hat man neuerdings den von Riemann betretenen Weg ganz verlassen.”

[5] 3.3.3 項参照.

[6] リーマンの理論の受容が遅れたもう一つの理由として，彼の弟子たちの多くが（彼自身と同様に）早死していたこともあげられる．例えばロッホ（Gustav Roch, 1839-1866）はリーマンと同じ 1866 年に 26 歳で夭折しているし，ハンケル（Hermann Hankel, 1839-1873）は 34 歳で，ハッテンドルフ（Karl Friedrich Wilhelm Hattendorff, 1834-1882）も 47 歳で早世している．なお，これらをも含めた，リーマンの仕事の受容の歴史の詳細については Gray [36], Chap. 18 を参照.

にとって，信頼できる数学の基盤は式変形による代数的・算術的なものでしかない．リーマン面はそのような基盤からは，およそかけ離れたものに思われた．それは直観的に構築されるものでしかない．リーマン自身もその1857年論文の中で苦心しながら説明している[7)]ように，それは「平面上にぴったり積み重ねられたかぎりなく薄い物体」であったり「いく重にも折り重なった葉」であったりするようななにかである．問題はそのような「なにか」を，数学という厳格な学問体系の中に，どのような存在権利をもつものとしてとり入れるべきなのかということになる．リーマンによる〈面〉が，その上で関数の積分を計算し，その諸々の性質を命題化し証明するような数学の対象として正当化されるためには，それがなんらかの自明な意味で存在し得るものでなければならない．すなわち，問題は「数学対象の存在論」というところにまで深く根をはっているのである．

現代的な視角からすれば，存在基盤の欠如は集合論がなかったことによるものである．上述のように，20世紀以降リーマン面は数学対象として本来あるべき存在権利を次第に獲得していくのであるが，その背景にはそれまでに積み重ねられてきた集合論的基盤の整備や，それを基軸にした空間概念，特にそれらを集合という建築資材によって建築学的に構築するという現代的な対象構築の考え方が次第に合法化されてきたことがある．そしてそれは単に「資材」の有無の問題にとどまらず，「対象とは我々が経験的に構築するものである」という現代的な対象観，すなわち数学対象の存在様式についての基本的なパラダイムが，リーマン当時と現代とでは大きく変化していることが重要だ．〈面〉は建築されなければならない．さもなければ，それは存在することができない．なぜなら感性的所与や可視的なメンタルイメージと古典的共犯関係にある「表象＝対象」というパラダイムの中では，それは明瞭に実現不可能なものだからである．そしてそのためには集合論がなければならない．しかし，現実には逆で，集合論，数学の建築学化[8)]というパラダイムシフトが〈面〉を正当化したというより，〈面〉の存在論を整備する過程が数学全体の対象の基礎付けという問題を惹起し，結果として「数学の建築学化」という存在論的革命を引き起こすことになる．

実際，リーマン自身にとっても〈面〉の正当化の問題は深刻に受け止められて

[7)] 第3章，脚注54参照．
[8)] 2.2.3項参照．

いた．リーマン面が正当な数学対象として自らの存在権利を主張できるためには，どのような根拠が必要とされるのかという存在論的根拠の問題は，すぐあとで述べるように，1851 年の学位論文以降のリーマンにとって中心的な問題の一つとなる．上でも度々述べたことであるが，リーマンが〈面〉を導入する際の理論的な後押しとなったのは，ガウスによる複素平面の導入であり，あるいはこれもガウスによる 3 次元ユークリッド空間 $\mathbb{R}^3$ 内の曲面論[9]である．そこからリーマンは，新しい空間的対象を構築する手がかりと深いインスピレーションを得た．また，それらの新しい対象を数学にもちこむことの正当性——すなわち，平面のような空間的対象によって複素数を説明するといったような，直観的説明の有効性——の主張の端緒を，ガウスによるこれらの仕事の中に見出している[10]．しかし，これらではリーマン面の正当化に不十分であることは明白である．ガウスによる複素平面や，$\mathbb{R}^3$ の中の曲面においては，視覚的なメンタルイメージは安定しているし，曲面論は測地学というきわめて実際的な動機から出発していたこともあり，その受容は比較的にスムーズであっただろう．すなわち，これらの空間表象を数学対象としてとり込むためには——もちろん，なんらかの意味で 19 世紀初頭の「量から概念へ」という認識論的地殻変動は必要とされたとはいえ——対象の存在様式や存在原理を根本的に揺るがすような，大規模なパラダイム革命は必要とされないのである．

しかし，リーマンの導入した〈面〉については状況は異なっている．3.3.4 項でも述べたように，リーマンの導入した面は，被覆面として直観的に（3 次元空間の中で）実現しようとすると，不可避的に分岐点の周りで自己交差が生じてしまう．それは直観的でありながら，複素平面や $\mathbb{R}^3$ 内の曲面の場合と異なり，明快な視覚的イメージをもつことができないのだ．代数関数に付随したリーマン面は，少なくとも特異点や無限遠点などの例外点を除外すれば $\mathbb{C}^2$ の中で実現できる．しかし，実 3 次元空間の中でその存在を確定的に見せることは一般に不可能である．すなわち，この場合はガウスが考察した曲面のような $\mathbb{R}^3$ という「入れ物」に入ったものではなく，可視的な入れ物をもたない〈内在的曲面〉，すなわち自分自身で存在している曲面なのだ．それは入れ物の中で確定的で安定的

---

[9] *Disquisitiones generales circa superficies curvas*, Göttingen, 1828.

[10] 第 3 章，脚注 67 参照．

に存在するという外在的な存在規定により存在するのではなく，自身の〈内側から〉存在しなければならない空間なのである．そのような対象を考察しようとするならば，たちまち問題は存在論的様相を帯びてくるであろう．

そもそも「空間」とはその中で幾何学や物理学が展開されるような「入れ物」として素朴に表象されたものである．それは感性的空間表象を離れては，考えることすら不可能なものであっただろう．しかるにいま，感性的空間表象とは独立な空間概念とか，それらの内在的な存在論とかについて語ることは，当時の多くの人々にとっては，それ自体がパラドクシカルに聞こえたに違いないのである．このような外界的直観形式にその存在様式を依存しないタイプの，いわゆる内在的空間という空間概念は，当時はまだまったく開拓されていない領域であったと言ってよい．もちろん，この関連で最もパイオニア的だったのはガウスの曲面論であり，その中で確かにガウスはのちの内在的幾何学の端緒をつかんでいる．ガウスはこの研究の中で，もっぱら $\mathbb{R}^3$ の中に埋め込まれた曲面のみをあつかっているが，その曲面の曲がり具合を把捉する概念として導入されたガウス曲率 K が，曲面上の計量（第一基本形式）$E\,du^2 + 2F\,dudv + G\,dv^2$ のみに依存するという等式を得ている：

$$
\begin{aligned}
4(EG-F^2)^2K = {} & E\left(\frac{\partial E}{\partial v}\frac{\partial G}{\partial v} - 2\frac{\partial F}{\partial u}\frac{\partial G}{\partial v} + \left(\frac{\partial G}{\partial u}\right)^2\right) \\
& + F\left(\frac{\partial E}{\partial u}\frac{\partial G}{\partial v} - \frac{\partial E}{\partial v}\frac{\partial G}{\partial u}\right. \\
& \qquad \left. - 2\frac{\partial E}{\partial v}\frac{\partial F}{\partial v} + 4\frac{\partial F}{\partial u}\frac{\partial F}{\partial v} - 2\frac{\partial F}{\partial u}\frac{\partial G}{\partial v}\right) \\
& + G\left(\frac{\partial E}{\partial u}\frac{\partial G}{\partial u} - 2\frac{\partial F}{\partial u}\frac{\partial F}{\partial v} + \left(\frac{\partial E}{\partial v}\right)^2\right) \\
& - 2(EG-F^2)\left(\frac{\partial^2 E}{\partial v^2} - 2\frac{\partial^2 F}{\partial u \partial v} + \frac{\partial^2 G}{\partial u^2}\right).
\end{aligned}
$$

この等式はガウスにとっても驚きであったことから，ガウスはこれを〈驚異の定理（Theorema Egregium）〉と名付けた．この結果は次の意味で，曲面の〈内在的〉性質をあぶり出す．いま，二つの曲面 X, Y があったとして，一方から他方へ計量を不変にする（すなわち，長さ・距離を変えない）一対一対応があったとする．このとき，X と Y とでは，その上の第一基本形式が同じである．よって，X のガウス曲率と Y のそれとは一致する．すなわち，曲面の曲がり具合は，曲面がどのような「形状」で $\mathbb{R}^3$ に埋め込まれているかと言った外在的規定にはよらないということである．例えば，球面を平面上に等長に展開することはできない——すなわち，長さ・角度が実際と同等な地図を描くことはできない——が，それは平面や球面についてそれらの中に内在している性質（ガウス曲率）が異なっているからである．

ガウスの曲面論によってあぶり出され明示された内在的性質は，このように「相対的に」表現されるものであった．すなわち，一つひとつの曲面 X それ自体の内在性ではなく，他の曲面との比較，すなわち曲面 X と曲面 Y との比較において明確化される内在性である．相対的内在性ではない絶対的内在性とでも呼べるものは，曲面が $\mathbb{R}^3$ という〈入れ物〉に埋め込まれた形ではなく，それ自体が自体存在としてもっている特性であろう．第一基本形式やガウス曲率は確かに，ガウスの意味での（計量付き）曲面の絶対的内在性なのであったが，それらを特性として有している曲面 X が自体存在として認識されることがなかったため，そのような絶対的内在性として表現されることはなかった．当時の言説において許される表現は，その内在性を他の曲面のそれとの比較において記述するという相対的なものでしかなかったのである．もちろん，ガウスは当時すでに，これらの曲面が $\mathbb{R}^3$ という外在的入れ物と独立に，それ自体として存在できるものだという認識をもっていたかもしれない——非ユークリッド幾何学についての認識を「存命中には決して発表すまい．予の意見をすっかり言うたら，頑迷連の叫喚（Geschrei der Böotier）がうるさくてたまるまい」[11]として隠してきた彼である．曲面の（絶対的な意味で）内在的な性質について述べること，あるいはさらに進んで，曲面そのものが内在的な意味で存在している，つまりそれ自体が（入れ物なしに成立する）幾何学の対象となっていることも，非ユークリッド幾何学の存在と同様に，古典的でシンプルな存在論を乗り越えた近代的な存在哲学に依拠しなければ，その存在権利を保証することはできない代物である．ガウスの曲面論は，曲面の内在的な性質を（相対的，相互比較による表現によって）あぶり出すことによって，のちの存在論的革命のきっかけの一つをつくったこと

[11] 高木 [88]，p.28 より引用．

は間違いないにしても，また，非ユークリッド幾何学についての認識をもつことで，のちの幾何学の基礎付けにも通じる深い洞察を行なっていたことは間違いないにしても，これらを進んで推進するには未だ時代が熟していなかったのであろう．

4.1.3　多様体概念への道

いずれにしても，リーマンがその革新的な対象導入の理論的支柱としたガウスにしてみても，リーマンがやろうとしていたことにお墨付きを与える完全な権威であったわけではない．しかるに，リーマンによる〈面〉の数学対象としての正当化の問題は，当初よりきわめて深刻な問題であったに違いないのである．リーマンもこの問題を十分意識していたようで，ショルツ[12)]が1851年の学位論文から1854年の教授資格講演までの間のリーマンの草稿を丹念に調べたところによると，この時期のリーマンは1851年論文で導入したリーマン面の概念を基礎付ける基盤づくりに精励している．そしてこの基盤づくりの過程が発展して，リーマン面概念の基礎付けという当初の目的よりもはるかに大きな役割を担うものへと成長していった[13)]．リーマンがそこで抱いていた大きな目標とは，ユークリッド以来の幾何学を基礎付けることであり，次元の制約や公理系による縛りのない一般的で普遍的な空間概念を構築することであり，それが完成すればリーマン面の存在論的正当化などは単なる一つの特殊例になってしまうような壮大な，すべての幾何学の基盤構築プログラムである．そしてそのプログラムの中でもっとも重要な対象である普遍的空間概念として成長していったのが「多様体(Mannigfaltigkeit)」なのである．

ショルツによると，「多様体」という概念は，このころ——1851年の学位論文から1854年の教授資格取得まで——の初期の段階からかなり具体的に構想されており，当初から感覚表象的な空間直観から完全に独立な空間概念として意図されていた．そしてこのころのリーマンの草稿・断片によれば，そのような空間直観から独立な概念を用いても，立派に幾何学ができるということを立証することが，リーマンにとっての重要事だったようである．

---

12) Scholz [79].

13) Ferreirós, [24], pp.57ff.

「多次元の多様体の概念は，我々の空間的直観とは独立のものである．空間，平面，直線は各々 3 次元，2 次元，1 次元の多様体のもっとも具体的な例である．少しも空間直観によらなくても，幾何学一式を展開することは可能であろう．」[14)]

では，どのように考えれば，そのような直観とは独立な空間的対象を構想することができるのか．リーマンはこの草稿の続きで，次のように述べている．

「私が実験ないし考察を行なっていたとして，そこでは熱の温度のような一つの数量の決定のみに関わっていたとしよう．その場合，結果として可能な状態は，$+\infty$ から $-\infty$ までのすべての数からなる連続系列によって表現されるであろう．しかし，もし私が温度と重さのような二つの数量の決定をしようとしていたのであれば，結果は二つの量 x, y で与えられる．このとき，x と y の両方に $+\infty$ から $-\infty$ までのすべての値を与え，x の各値に対して y の任意の値を組み合わせるなら，可能なすべての状態を得ることになる．一つの状態は，x と y それぞれの確定値によって得られる．
さて，この状態全体の中から一つの複合体を指定することができる．例えば，一次方程式 $ax + by + c = 0$ を考えて，状態全体の中から，その x と y がこの方程式を満たすものを考える．こうして得られた状態の複合体を，私は直線と呼ぶことができるだろう．この直線の定義から，直線が関係する幾何学のすべての命題を導き出すことができるだろう．この調子で，空間直観の助けに訴えることなく，議論を進めていくことができるのは明らかだ．」[15)]

---

14) リーマンによる草稿. Scholz [loc. cit.], p.228. Scholz [loc. cit.], p.216 によれば，この草稿（Blatt R40^{r-v}）が書かれたのは 1852 年ないし 1853 年のことであった．原文：“Der Begriff einer Mannigfaltigkeit von mehreren Dimensionen besteht unabhängig von unseren Anschauungen im Raum. Der Raum, die Ebene, die Linie sind nur das anschaulichste Beispiel einer Mannigfaltigkeit dreier, zweier oder einer Dimension. Ohne die mindeste räumliche Anschauung zu haben, würden wir doch die ganze Geometrie entwickeln können.”

15) リーマンによる草稿. Scholz [loc. cit.], pp.228–229. 原文：“Gesetzt, ich wollte ein Experiment oder eine Beobachtung machen und es käme mir dabei nur darauf an, einen Zahlenwerth, etwa den Grad der Wärme, zu ermitteln. In diesem Fall würden alle möglichen

このように初期の多様体概念は，感覚表象的な空間直観から独立な空間概念として構想されており，その考え方を用いれば，空間表象とは独立に幾何学を構築できる．このような考え方を，このころのリーマンは重視していた．この草稿の続きでは，感覚表象とは独立な空間概念をこのように考えることで，3次元よりも大きな次元の空間をも幾何学の対象とすることができることが示唆されている[16)]．例えば，4次元の多様体とは，時刻によって連続系列にされた空間の集まりであり，各々の時刻の空間はそこに属するものが同時に認識できるものとして特徴付けられる．

多様体概念の導入によってリーマンが意図していたもののもう一つは，それによって，例えばユークリッド幾何学の公理系のような幾何学の公理そのものを基礎付ける（証明する）ことができること，そうすることで幾何学一般を具体的対象についての学問として新しくやり直せること，そしてひいては幾何学全般の新しい基礎付けを与えられることである．現代的な言葉で言えば，公理系に対して実体的なモデルを与えることに相当する．

> 「3次元多様体の幾何学もしくは科学のこのようなとりあつかいによって，従来のやり方における空間直観から得られたすべての公理，例えば，ユークリッドの第一公準「2点を通る直線は一本のみ可能である」といった命題はもはや不要となるであろう．そして，例えば「たし算の順序は任意でよい」といった量のあつかいに関するものばかりが残るこ

Fälle des Resultats dargestellt werden durch die continuierlich Reihe aller Zahlenwerthe von $+\infty$ bis $-\infty$. Gesetzt aber, ich wollte zwei Zahlenwerthe bestimmen, ich wollte etwa eine und eine Temperaturbestimmung und eine Gewichtsbestimmung machen, so wäre das Resultat bedingt durch zwei Grössen x und y. Ich werde hier die Gesammtheit aller Fälle erhalten, wenn ich sowohl x als auch y alle Werthe von $+\infty$ bis $-\infty$ gebe und jeden Werth von x mit jedem Werth von y kombiniere. Einen einzelnen Fall werde ich erhalten, wenn sowohl x als auch y einen ganz bestimmten Werth haben.

Ich kann nun aus der Gesamtheit der Fälle einen Complex von Fällen herausgreifen, ich kann z.B. die lineare Gleichung $ax + by + c = 0$ aufstellen und nun alle diejenigen Fälle zusammenfassen, wo x und y dieser Gleichung genügen; ich könnte diesen Complex von Fällen eine Gerade nennen. Aus dieser Definition der Geraden würde ich alle Sätze ableiten können, welche in der Geometrie über die Gerade stattfinden. Es ist klar, dass man auf diese Weise fortfahren könnte, ohne die mindeste räumliche Anschauung zu Hülfe zu nehmen."

16) Scholz [loc. cit.], pp.229–230.

とであろう.」[17)]

リーマンがこのようにユークリッド以来の幾何学の基礎付けの問題に関心を向けた背景には，もちろん，19 世紀前半当時の幾何学をめぐる，いくぶん混沌とした状況がある．ユークリッド幾何学は，かなりの程度に洗練された公理・公準の系から論理的手続きによって数多くの定理が導かれるという形をとっているが，例えば平行線公準（第 5 公準）にまつわる古くからの論争のように，その公理・公準の自明性については多くの論争があった．18 世紀末のカントは空間概念の超越論的基礎付けを企図することで，強い意味でのア・プリオリズムを打ち出していたが，19 世紀前半の非ユークリッド幾何学の〈発見〉は，この超越論的基礎付けの正当性を揺るがすことになる．このような幾何学をめぐる数学および哲学的な一般思潮の不安感が，リーマンを新しい空間概念の構築に向かわせる——関数の定義域を与える〈面〉概念の基礎付けとならんで二つ目の——動機の一つとなったであろうことは想像に難くない[18)].

以上見てきたように，1851 年の学位論文で複素関数の新しい定義域の概念として〈面〉を導入して以降，1854 年の教授資格取得までの数年間の間，リーマンは〈面〉の概念のなんらかの意味での基礎付けを与えるという動機から出発して，次第に数学における空間概念の刷新を目指した，大きな思想的規模の概念形成を目論んでいた．そこで目論まれたのがいわゆる「多様体」概念であり，その中でリーマンが特に重要視した点は次の二つである．一つは，「多様体」は感覚表象的な空間直観に依存しない空間概念でなければならないということ．もう一つは，「多様体」は幾何学における諸々の公理・公準を自明化することで，幾何学一般に具象的な基礎を与えるものであるべきだということである．そして，この二つの問題に対するリーマンの応答として，有名な 1854 年の教授資格取得講演が行われることになる．

[17)] リーマンによる草稿. Scholz [loc. cit.], p.229. 原文：“Bei dieser Behandlungsweise der Geometrie oder der Lehre der Mannigfaltigkeiten dreier Dimensionen würden alle Axiome, welche bei der gewöhnlichen Behandlungsweise von der räumlichen Anschauung entlehnt werden, wie z.B. der Satz, dass durch zwei Punkte nur eine Gerade möglich ist, das erste Axiom des Euklid etc., wegfallen, und es würden nur noch diejenigen übrig bleiben, welche für Grössen im allgemeinen gelten, z.B. der Satz, dass die Ordnung der Summanden beliebig ist.”

[18)] 信木 [72]，p.21 参照.

4.2　教授資格取得講演

4.2.1　「幾何学の基礎をなす仮説について」

ドイツでは学位論文の審査が通り博士号を取得しても，その後にさらに研鑽を積み，教授資格（Habilitation）審査に通らなければ大学で講義をすることは許されない．そして教授資格審査に合格するためには，教授資格取得論文（Habilitationsschrift）提出の他に，教授資格取得講演（Habilitationsvortrag）を行わなければならない．リーマンはその講演に先立ち，講演の内容を三つ大学側に提示する必要があり，大学側はこのうちから一つを選んで講演をさせるという仕組みである．リーマンは次の三つのテーマを提出した．

- 三角級数による関数の表現可能性問題の歴史（Geschichte der Frage über die Darstellbarkeit einer Function durch eine trigonometrische Reihe）
- 二つの未知量についての連立2元2次方程式の解法について（Über die Auflösung zweier Gleichungen zweien Grades mit zwei unbekannten Grössen）
- 幾何学の基礎をなす仮説について（Über die Hypothesen, welche der Geometrie zu Grunde liegen）

この三つの中から――主にガウスの希望によるものだったと言われているが――最後のものが選ばれた．第一のものは，実際，教授資格取得論文のテーマに属するものであったし，第二のものは内容的にあまり深いものとは思われないであろう．しかるに，第三のものは選ばれるべくして選ばれたのであろうし，これが選ばれることはリーマン自身にとっても十分想定内のことであったと思われる[19]．ベル[20]によれば，リーマンはこのテーマについてなにも準備をしておらず，ガウスによってこれが採択されたときには周章狼狽したということであり，実際，そのようなことを父親に書き送ったりしている[21]．しかし，上述のように，学位論文以降のリーマンが〈面〉概念の正当化を出発点として，新しい空間

[19]ラウグヴィッツ [65]，p.258.
[20]ベル [5] 下，p.220.
[21]デデキント [17]，p.352.

概念についての構想や幾何学全般の基礎付けの問題について，かなり深い洞察を行なっていたことは確かであり，その意味では，リーマンにとってこのテーマについて講演することはまったく思いもよらないものではなかったはずである[22)].

リーマンの教授資格取得講演「幾何学の基礎をなす仮説について」は，1854年6月10日にゲッティンゲン大学哲学部コロキウムにおいて行われ，その内容がリーマンの死後の1868年にゲッティンゲンの王立科学学会紀要[23)]から出版された．以下，この内容について概観していくことにしよう．

4.2.2 序文「研究のプラン」

講演の冒頭は「研究のプラン」と題された序文である．この中ですでに，この講演においてリーマンが主張しようとしていること，幾何学の基礎をなす仮説に関してなにを意図しているのかが，かなり明確に，しかも簡潔に述べられている．その意味で，この短い導入部こそ，この講演全体の中でもっとも重要な部分であるとも言い得る．

> 「よく知られているように，幾何学は，空間概念も，空間の中での作図に必要な最初の根本概念も，何か所与のものとして前提する．幾何学は，それらについて，名目的な定義を与えるだけなのである．他方，本質的な諸規定は，公理という形で現れる．その際，これら諸前提の相互の関係は不明なままである．それらの結合が必然的かどうか，あるいはどの程度必然的であるのかはわからないし，それらの結合が可能であるのかも，アプリオリにはわからないのである．」[24)]

22) ラウグヴィッツ [loc. cit.]，p.258：「12月に告知したテーマについて，彼は特に気に病んでいるわけではない．というのは，1854年のイースターの後まで，彼は仕上げを行なっていない．このことから，彼は自分が何を教授資格講演で講義することになるかについて，予め熟知していたという推測も成り立つのである．」

23) *Abhandlungen der Königlichen Gesellschaft der Wissenschaften zu Göttingen* **13** (1868), pp.133-150.

24) リーマン [76]，p.295．原文（[75]，p.272）："Bekanntlich setzt die Geometrie sowohl den Begriff des Raumes, als die ersten Grundbegriffe für die Constructionen in Raume als etwas Gegebenes voraus. Sie giebt von ihnen nur Nominaldefinitionen, während die wesentlichen Bestimmungen in Form von Axiomen auftreten. Das Verhältniss dieser Voraussetzungen bleibt dabei in Dunkeln; man sieht weder ein, ob und in wie weit ihre Verbindung nothwendig, noch a priori, ob sie möglich ist."

冒頭最初のパラグラフで真っ先に提起されるのは，まさに幾何学の基礎に関する問題である．最初の一文はまさに幾何学における「対象」の古典的なあり方——直接的あるいは間接的に感覚表象との表裏一体的な関係にある表象あるいはその形式，その存在背景が疑問視されないほどに自明なものとして数学する主体の心の中に描かれる直観的所与，あるいは「素朴な抽象物」[25]——についての簡明な記述であり，それに続く文章は，そのような唯名論的対象に対する諸規定の正当性・必然性への疑義，すなわち，幾何学の基礎にまつわる当時の不安定な論調を背景とした，カント的ア・プリオリズムに対する深刻な異議申し立てとなっている．

「この不明は，エウクレイデスから，近代の最も有名な幾何学改訂者であるルジャンドルにいたるまで，この問題に携わった数学者によっても哲学者によっても晴らされることはなかった．おそらくその原因は，空間量をその下位概念として含む，多重延長量の一般概念が，まったく扱われてこなかったということにあるのだろう．したがって私はまず，一般的量概念から多重延長量概念を構成するという問題を自らに課した．そこから，一つの多重延長量に様々な計量関係が可能であること，したがって，空間は3次元延長量の特別な場合にすぎないことが出てくるであろう．」[26]

ここで最初の文章に出てくるルジャンドル（Adrien-Marie Legendre, 1752-1833）が幾何学改訂者として言及されているのは，ルジャンドルの有名な著書『幾何学原論（*Éléments de Géométrie*）』（1794）によるものであろう．古代か

[25] 2.2.1 項参照.

[26] 一つ前の引用の続き（リーマン [76], p.295）．原文（[75], p.272）："Diese Dunkelheit wurde auch von Euklid bis auf Legendre, um den ber ühmtesten neueren Bearbeiter der Geometrie zu nennen, weder von den Mathematikern, noch von den Philosophen, welche sich damit beschäftigten, gehoben. Es hatte dies seinen Grund wohl darin, dass der allgemeine Begriff mehrfach ausgedehnter Grössen, unter welchem die Raumgrössen enthalten sind, ganz unbearbeitet blieb. Ich habe mir daher zunächst die Aufgabe gestellt, den Begriff einer mehrfach ausgedehnten Grösse aus allgemeinen Grössenbegriffen zu construiren. Es wird daraus hervorgehen, dass eine mehrfach ausgedehnte Grösse verschiedener Massverhältnisse fähig ist und der Raum also nur einen besonderen Fall einer dreifach ausgedehnten Grösse bildet."

らつい最近の改訂者にいたるまで，幾何学における対象とその諸規定との間の溝は埋められてはこなかった．古典的な数学対象は心の中の表象でしかない．18世紀までの時代思潮においては，表象こそが対象であるというやり方に疑義が唱えられることはなかった．なぜなら，それは感覚世界や自然の奥義などとも表裏一体だったからであり，理念的正しさと現実的正しさが一致しているという無邪気な信念があったからである．この信念に風穴を開けたカントですら，経験的・感性的直観の根底には「純粋直観」があると述べ，幾何的表象形式の先験的妥当性に疑いを挟むことはなかった．しかし，19世紀になって，このア・プリオリズムはすでに破綻していることが次第に明らかになってきた．のみならず，平行線公準をめぐる古来からの論争も，表象としての対象と，その諸規定・諸特性との間のミスマッチの問題を改めて浮き上がらせたであろう．

このような混沌とした状況が起こっている原因として，リーマンは「空間量をその下位概念として含む，多重延長量の一般概念」という考え方が欠如していたことをあげ，その克服のために手始めとして「一般的量概念から多重延長量概念を構成する」ことを目指すと述べている．すなわちここで，リーマンは問題の本質が，幾何学における「対象」の考え方そのものにあること，すなわち従来的な対象のあり方・考え方はもはや不適切であり，それまでにはなかった新しい対象についての基本思想を与えることが必要なのだということをズバリと指摘し，手始めにその新しい対象を「構成する（construiren）」必要があると述べているのである．そしてその新しい対象である「多重延長量概念（Begriff einer mehrfach ausgedehnten Grösse）」の建築学を大成させたあかつきには，これらの対象における計量関係は一意的でないこと，しかるに（感性的直観による）空間は，次元の意味でも計量関係の意味でも，多重延長量概念の単なる一つの例にすぎないことが帰結されると予告されている．これより，（可微分）多様体の上には計量（リーマン計量）がいく通りにも入る可能性があり，そのどれにもア・プリオリな優先権はないこと，どの計量を選ぶかは理論の枠組みや文脈，経験などの外在的な要請によっていると現代の言葉では翻訳されるような，空間概念における有名なア・ポステリオリズムが表明される．

「しかし，これについて，一つの必然的な帰結がともなう．すなわち，幾何学の命題は一般的な量概念から演繹されるのではなく，空間を他の思惟可能な3重延長量から区別する諸特性は，経験だけから見てとることができるということである．このことから，空間の計量関係を規定する，最も単純な諸事実を探し出すという課題が生じる．それは，事柄の性質上，完全には決定されない課題である．なぜなら，空間の計量関係の規定に十分な単純な諸事実のシステムは，いろいろなものがあげられるからである．そのような諸事実のシステムのうち，現下の目的のために最も重要なものは，エウクレイデスがその基礎を与えたものである．しかし，その諸事実はすべての事実同様，必然的なものではなく，経験的確実性を備えているにすぎない．それらは仮説なのである．」[27)]

これは先にも述べた，幾何学の基礎をめぐる当時の思潮の混乱状態に対する，リーマンの画期的な解答であり，立場表明であると見なせる重要な箇所である．幾何学の基礎をめぐる論争はそのア・プリオリズムの正当性に関するものであり，当時の人々にとっては，感性的空間の表象として確固たる存在であり続けてきたユークリッドによる空間の優位性を，いかにして回復させるかというところに重点があったであろう．しかるにリーマンはこれを根底からくつがえし，そもそもア・プリオリな空間概念は存在しない，およそ空間として幾何学の対象となり得るものはどれも「仮説」であるにすぎないと言明する．

この最後の点は，計量関係を組みにした多様体の研究，すなわち「リーマン幾何学」の端緒として，この講演の中心的テーマであると解釈されることが多かった．確かにこの点はリーマンによるこの講演の中で非常に重要な論点であることは間違いないし，リーマン自身序文の中の大半の字数を用いて強調している点で

27) 一つ前の引用の続き（リーマン [76]，pp.295-296）．原文（[75]，pp.272-273）：“Hiervon aber ist eine nothwendige Folge, dass die Sätze der Geometrie sich nicht aus allgemeinen Grössenbegriffen ableiten lassen, sondern dass diejenigen Eigenschaften, durch welche sich der Raum von anderen denkbaren dreifach ausgedehnten Grössen unterscheidet, nur aus der Erfahrung entnommen werden können. Hieraus entsteht die Aufgabe, die einfachsten Thatsachen aufzusuchen, aus denen sich die Massverhältnisse des Raumes bestimmen lassen — eine Aufgabe, die der Natur der Sache nach nicht völlig bestimmt ist; denn es lassen sich mehrere Systeme einfacher Thatsachen angeben, welche zur Bestimmung der Massverhältnisse des Raumes hinreichen; am wichtigsten ist für den gegenwärtigen Zweck das von Euklid zu Grunde gelegte. Diese Thatsachen sind wie alle Thatsachen nicht nothwendig, sondern nur von empirischer Gewissheit, sie sind Hypothesen[.]”

もあるし，この講演の内容の中でもっともセンセーショナルであり，明瞭に革命的な側面であることは間違いない．しかし，序文の前半に簡潔に述べられているいるように，これらのことは「一般的量概念から多重延長量概念を構成する」というリーマンが自分自身に課した仕事の結果として得られる系なのであり，副産物であるに過ぎない．すなわち，序文を素直に読むならば，リーマンにとって空間が経験的であることを示すことが第一義的な目的なのではなく，それまでの幾何学における「対象」の概念を刷新する，新しい対象概念を創始すること，そしてその構成法について考察することが中心的な目的とされているのがわかるであろう．

序文の最後では，空間の選択に関する経験的確実性には，観測のスケールの範囲に応じた相違があり得ること，そしてその限界を超えた範囲にまで仮説を延長することの是非についても，計量関係の場合と同様の選択の任意性が許容されることが表明されている．

> 「したがってその蓋然性は，観測の限界内ではもちろん非常に大きいのであるが，この蓋然性を調査してもよいのである．また，これによって，計測不能なほど大きいものの方へ向かって，また，計測不能なほど小さいものの方に向かって，これらの仮説を観測の限界を超えて拡張することが許されるかどうかについて判断してもよいのである．」[28)]

例えば，ユークリッドの平面幾何学を展開するにあたって，平行線公準（第5公準）のような公理はア・プリオリな正当性に依拠して必然的に置かれるのではなく，感性的経験に即して「選ばれる」のであるが，その際，我々の観測のスケールの限界を超えた状況にまで，その公理の適用を拡張するという判断をしてもよいのである．第5公準の仮定を満たす二本の直線 ℓ, ℓ'[29)] について，これが

---

28) 一つ前の引用の続き（リーマン [76]，p.296）．原文（[75]，p.273）："[M]an kann also ihre Wahrscheinlichkeit, welche innerhalb der Grenzen der Beobachtung allerdings sehr gross ist, untersuchen und hienach über die Zulässigkeit ihrer Ausdehnung jenseits der Grenzen der Beobachtung, sowohl nach der Seite des Unmessbargrossen, als nach der Seite des Unmessbarkleinen urtheilen."

29) ℓ と ℓ' は，第三の直線 m とそれぞれ交わり，そのある同じ側の内角の和が2直角よりも小さいと仮定される．第5公準は，その際，ℓ と ℓ' はその側に延長すればどこかで交わることを仮定する公理である．しかるに，これは m となす同じ側の内角が2直角であるときにかぎり，2直線 ℓ, ℓ' は平行である（交わらない）とするものであり，与えられた直線およびその上にない一点について，その点

第三の直線 m とある側につくる内角の和が2直角よりも小さいが，しかし，その差はおよそ観測が不可能なくらい微小であった場合，当然ながら我々の経験が ℓ と ℓ' の延長が交わるか否かを確かめることは不可能である．しかし，そうであっても，そのような観測不可能スケールにまで公準を適用することについて，これを是と判断してもよいのである．すなわち，「経験的に」とはいっても，厳格な経験主義に陥る必要はなく，ある程度の超経験的な判断の自由は残されているのであり，それによって十分に観念的対象について議論する余地が保証できるというわけだ．

4.2.3　多様体の概念

序文に引き続く第I章で，リーマンは早速自分に課した「一般的量概念から多重延長量概念を構成する」という仕事にとりかかる．第I章第1節冒頭は，この多重延長量概念である「多様体」の導入から始まる．

> 「様々な規定法を許す一般概念が存在するところでだけ，量概念というものは成立可能である．これらの規定法のうちで一つのものから別の一つのものへの連続な移行が可能であるか不可能であるかに従って，これらの規定法は連続，あるいは離散的な多様体をなす．個々の規定法を，前者の場合，この多様体の点といい，後者の場合，この多様体の要素という．」[30)]

これは非常に有名な一節であり，リーマンが「多様体概念」の定義を述べた箇所である．これは上記引用の最後の文にしたがって，「規定法」は要素，あるいは集合論でいうところの「元」と読むことで，より我々に馴染みやすいものとなる．すなわち，一般概念の特殊化として「要素・元」があり，その全体のクラス

を通る平行線が唯一存在するという命題と等価なものである．

30) リーマン [76]，p.296．原文（[75]，p.273）："Grössenbegriffe sind nur da möglich, wo sich ein allgemeiner Begriff vorfindet, der verschiedene Bestimmungsweisen zulässt. Je nachdem unter diesen Bestimmungsweisen von einer zu einer andern ein stetiger Uebergang stattfindet oder nicht, bilden sie eine stetige oder discrete Mannigfaltigkeit; die einzelnen Bestimmungsweisen heissen im erstern Falle Punkte, im letztern Elemente dieser Mannigfaltigkeit."

が対応する多様体であるという読み方である[31]．あるいは，さらに噛み砕くとすれば，「一般概念」という条件式 φ を満たす要素 x の集まり

$$\{x : \varphi(x)\}$$

というクラス（集合）として，多様体は導入されているということである．すなわち，リーマンにとって多様体とは「（一般）概念の外延化」[32]に他ならないのであり，その意味で，それはリーマンよりのちの時代の「集合」の概念に近いものであると言える．もちろん，リーマンは元から元への移行が連続的である場合という状況も考えていて，その際は現在の言葉で言うところの位相空間——第I章ののちの記述から，さらに位相多様体と絞り込める——のようなものを考えていたわけで，その意味では，これを集合概念の等価物と安易に見なしてしまうことはできない[33]．しかし，同時に考えられている「離散的な多様体」については——その「離散」という位相的意味合いを割り引いて解釈すれば——今日の集合概念にかなり近いものをリーマンが構想していたと考えることはできるであろう．実際，リーマンのころの教養人一般の間では，概念の内包と外延にまつわる基本的な考え方は広く浸透しており[34]，その意味では歴史的にも上のような読み方は自然である．

以上のような意味合いから，上に引用したリーマンによる「多様体」の定義は，集合論への長い道程の潜在的な出発点だった，と解釈することは十分に可能であり，例えばフェレイロス [24] はそのような立場をとっている．のちの集合論への系譜という観点から我々にとってさらに重要なことは，上に引用した「定義」において，多様体はそれ自体として「成立可能」であるとされているこ

[31] このような読み方は，例えば Ferreirós [24], p.53 においても採用されている："That definition seems, quite unequivocally, to rely on the traditional relationship between a concept and its associated class, a manifold being simply a class, the extension of a general concept."

[32] 6.1.1 項および 7.1.4 項で後述するように，リーマンが意図したものは，現在の集合概念のような一般概念の完全な外延化とは言い切れない．むしろ，内包としての概念そのものに近いものから外延的実体への動的スケールの中でとらえるべきものである．

[33] これについてはラウグヴィッツ [65]，4.4.1 項を参照．本書の立場は，多様体概念を通してリーマンが意図していたものは，その後の集合論へとつながる新しい数学の対象概念の導入であったというものであり，多様体は（哲学にその基盤を求めていたとはいえ）純粋に数学の対象として構想されていたというものである．したがって，我々の見方はラウグヴィッツよりもフェレイロスのものに近いとも言える．6.1.1 項参照．

[34] Ferreirós [24], p.52.

と，なんらかの可視的な入れ物の中の存在物として構想されているわけではなく，「一般概念」からその外延化として，それ以上のなんの制約もなく存在できるとされていることである．それは連続的な多様体である場合は（大きな次元をもつこともあり得る）空間として考えられ，そうでない場合は抽象的な集合として考えられているのであるが，その存在様式については，それらがそれら自身によって自律的に「自体存在」として存在する（成立する）のだという立場が，ここでは述べられている．すなわち，上に引用した文章は多様体の「定義」であると同時に，その存在原理の宣言でもあるというわけだ[35]．この文章は集合論への潜在的な出発点であったとともに，19 世紀西洋数学の存在論的革命[36]のもっとも重要な方向付けなのであり，その基本イデオロギーの宣言なのである．

リーマンによる「多様体」が，それ自体が自分自身の〈内側から〉存在する自律的存在として，なんら外在的影響のもとに存在するのではなく，内在的な存在として構想されていることは，講演の第I章のあとの部分の記述からも強く示唆される．例えば，第I章第1節終わりでは，リーマンによる連続多様体は，量――ここでは素朴な意味での数量――に還元される位置規定，すなわち現代的な言葉で言えば局所座標系をもつことができる[37]と仮定され，第2節および第3節において，その位置規定（＝座標構造）の記述がなされている．第2節では，任意の一点から出発して，これを通過する1次元部分多様体（1重延長多様体）を考え，さらにこれがそれを通過する2次元部分多様体（2重延長多様体）に延び，さらにそれがというように，各段階で次元が1だけ高い部分多様体に延ばされるという形で，出発点だった一点のまわりでの多重延長構造が得られることが述べられる．ここでの記述は（リーマン本人は明瞭には述べていないが）各点のまわりの局所構造の記述と素直に読めるものであるが，第3節での記述は，

---

[35] 現代的な観点からは，この形の無制約な存在原理――強い意味での包括原理（principle of comprehension）――はラッセルのパラドックスを引き起こすため，集合論の出発点としては強すぎる仮定である．

[36] 2.2.2 項参照．

[37] そのため，上述のように，リーマンによる連続的多様体は今日の用語で位相多様体（あるいは，「連続」という言葉のニュアンスによれば可微分多様体）に近いものであることが示唆される．もしこれを古風に読んで「可微分多様体」と解釈した場合，リーマンが意図していた構造が位相空間上の可微分構造にあたるのか，それとも少なくとも一つの可微分構造を許容する位相構造にあたるのかというのは，いささか気になるところであるが，そこまで細かく詮索するのは野暮なことだろう．

これよりいくぶん大域的である[38]．ここでは多様体の領域上に定義された座標関数によって，その領域内の点の位置規定が定まることが述べられている．

> 「与えられた多様体の内部において，位置の連続関数で，この多様体の部分に沿って一定ではないようなものを一つ考える．このとき，この関数が一定値をもつような点の集合はどれも，与えられた多様体より低い次元の，連続な多様体をなす．この多様体は，関数の値が変わると，相互の間で連続に移り変わる．したがって，それらの低次元の多様体のうちの一つから他のものが出てくると考えてよいのである．しかも，一般的に言えば，一方の低次元多様体の各点は，他方のある確定した点に移るというふうに，低次元多様体同士は移りあうことができるのである……以上のようにすることによって，与えられた多様体の中の位置の規定が，一つの量規定と，もとのものより低次元の多様体の中の位置規定とに還元されるのである．」[39]

ここに引用した操作を繰り返すことで，少なくとも与えられた連続多様体が有限次元である場合[40]には，各点のまわりでの局所座標を導入され，それによって各点は有限個の量規定によって位置が規定されることになる．

以上のような位置規定の詳細をきわめた記述は，しかし，考えている多様体が古典的な図形のような従来的なもの，可視的な空間という入れ物の中の明瞭な存在として示されるものであったとしたら，まったく不要なものである．実際，そ

---

[38] もっとも，リーマンはこの節で「ある可変性の領域」にかぎって議論しているので，実質的には局所的な記述だと見なすことも可能である．

[39] リーマン [76], p.298（一部改変）．原文（[75], pp.275-276）："[M]an nehme innerhalb der gegebenen Mannigfaltigkeit eine stetige Function des Orts an, un zwar eine solche Function, welche nicht längs eines Theils dieser Mannigfaltigkeit constant ist. Jedes system von Punkten, wo die Function einen constanten Werth hat, bildet dann eine stetige Mannigfaltigkeit von weniger Dimensionen, als die gegebene. Diese Mannigfaltigkeiten gehen bei Aenderung der Function stetig in einander über; man wird daher annehmen können, dass aus einer von ihnen die übrigen hervorgehen, und es wird dies, allgemein zu reden, so geschehen können, dass jeder Punkt in einen bestimmten Punkt der andern übergeht[.]... Hierdurch wird die Ortsbestimmung in der gegebenen Mannigfaltigkeit zurückgeführt auf eine Grössenbestimmung und auf eine Ortsbestimmung in einer minderfach ausgedehnten Mannigfaltigkeit."

[40] ここに引用した第 3 節の終わりには，無限次元の連続多様体の可能性についても示唆されている．

のような古典的な幾何的対象の位置規定は，とりたてて説明されるまでもなく，もとより明瞭なものであり，逆にそれが明瞭であったからこそユークリッド幾何学のような幾何学が可能だったのである．位置というもっとも基本的な秩序がなければ，図形の幾何学にせよ解析的な幾何学にせよ，最初から不可能だったはずである．また，位相多様体や可微分多様体の概念を熟知した現代の我々が見れば，それは位相多様体の局所的な構造を，古風な口調で，いささかくどくどと述べたものとしか読めないし，そのため，この部分の記述がもっている意義には気づきにくい．しかし，ここに強調されているのは，多様体がそれ自体単独の対象として，その内部に位置規定の構造をもつということ，すなわち，それが多様体に対してなんらかの外的環境から与えられるものではなくて，それ自体が自分自身の内在的構造としてもつものであるということに他ならない．そしてそれは「多様体」という外的な存在根拠をもたない，自分自身単独で「自体存在」とならなければならないものが，新しい数学的対象としての存在する上での存在権利を増強するものであることが重要である．リーマンがここまで連続的多様体の内在的な位置規定の可能性について，詳しく丁寧に説明を加える意図は，おそらく以上のようなものであったと思われる．実際，リーマン自身が第I章第1節で（多様体の定義の直後に）述べるように，離散的多様体は比較的に日常的な対象であり，その存在根拠はある程度わかりやすいが，連続的多様体は日常世界にはあまり見出されない（とリーマンは考えている）ため，その存在様態については詳しく説明を加える必要性があったのである．

4.2.4　計量規定の外在性

以上のように，リーマンの「多様体」概念は，その当初から外的空間表象からの影響とは独立な，それ自体が内在的な力で存在する個物として定義され，その内部に自前の内在的な位置規定が可能なものとして構想されていた．特に連続的多様体の位置規定は，局所座標によっていくつかの量規定に還元される形で表現することができる．しかし，多様体の「計量規定」，すなわちその上で角度や長さ・面積など，幾何学に必要な計量が可能となる構造となると状況はまったく異なっている，というのがリーマンの主張である．

離散的多様体においては要素の数えあげという内在的な計量規定を考えるこ

とができる．しかし，連続的多様体においては，このような明瞭に内在的な計量規定がない．リーマンは第I章第1節において「計量とは，比較されるべき量を重ね合せることに，その本質がある」[41]と述べる．したがって，計量規定を定めるためには，なんらかの形で「重ね合せる」ことが可能とならなければならない[42]．ユークリッド幾何学における図形の合同は，図形を運動によって重ね合せることの可否が問題であり，そのため剛体の運動可能性が前提される（あるいは公理から導かれる）必要があった．ユークリッド幾何学はこのような「図形（剛体）自体の重ね合せ」による合同条件を，長さ（や角度）という，より基本的な計量規定に関する条件に還元することがテーマの一つであったとも言える．リーマンも，長さの規定を与えるための「重ね合せ」条件，すなわち線素による（微小な）「ものさし」の無限小運動可能性を多様体に仮定することを計量規定の議論の出発点としている．ここでユークリッド空間のときのような剛体運動の可能性まで仮定しなかったところは重要であり，これによって一般の可変曲率をもつ空間が結果として現出することになる．

この最後の条件，すなわち微小な「ものさし」の無限小運動可能性を仮定するということは，次のように言い換えられる．n 次元連続的多様体の任意のある点のまわりで座標系 $x_1, \ldots, x_n$ を考える．このとき，この点のまわりでの局所的な2点の差はベクトル $(dx_1, dx_2, \ldots, dx_n)$ で与えられるわけだが，その微小距離（線素の長さ）は，このベクトルだけに依存して決まる（というのが無限小運動可能性である）．したがって，点 $(x_1, x_2, \ldots, x_n)$ における計量規定は $x = (x_1, x_2, \ldots, x_n)$ と $dx = (dx_1, dx_2, \ldots, dx_n)$ のみによって決まる，ある表示式で与えられる．また，dx の諸量の比が一定に変化するなら，長さはその比例定数の絶対値倍されるだろう．したがって，その表示式は dx に関する偶関数であり1次の同次式でなければならない．このことから，求める計量規定 ds は

$$ds = \sqrt{f_2(x, dx)} + \sqrt[4]{f_4(x, dx)} + \sqrt[6]{f_6(x, dx)} + \cdots$$

という形になるであろう．ただし，ここで $f_{2n}(x, dx)$ は dx に関する（x の関数

[41] リーマン [76]，p.297．原文（[75]，pp.274）：“Das Messen besteht in einem Aufeinanderlegen der zu vergleichenden Grössen[.]”

[42] このような種類の仮定とは独立な（つまり，計量の規定のない）連続的多様体を考察することも重要であることも示唆されている（例えば，リーマン面が念頭にある）．後述の5.1.1項参照.

を係数とした）同次 $2n$ 次式である．これは「ものさし」の無限小運動可能性を仮定した場合に自然に導かれる計量規定の表示式であるが，ここでリーマンは簡単のため，あるいは応用上の有効性を考えて，最初の項だけが残り，あとの項はすべて消えている状態（$f_4 = f_6 = \cdots = 0$）にのみ議論を制限する．

> 「このような，より一般的な類のものの研究が，本質的に異なる原理を必要とすることはないであろうが，かなりの時間を要するものである．ことにその研究成果が幾何学的には表現されないものなので，時間がかかるわりには空間論に新しい光を投げかけるものではない．したがって，線素は2次の微分式の平方根によって表される多様体に限定することにする．」[43)][44)]

以上より，多様体上の計量規定には何次元もの連続可変的な可能性があり，その中から一つを選択するとは，いくつもの未知関数を決定することであり，多くの可能性の中から状況・用途に応じて可能性を限定することである．その意味で，多様体上の位置規定とは異なり，計量規定はそれに内在的な概念ではない，ということがリーマンによって主張されることになる．そもそもリーマンによって考察された計量規定それ自体も，次のような仮説的前提の上で構成されていた．

- 線素の長さが位置によらないこと（「ものさし」の無限小運動可能性）．
- 線素の長さが2次の微分式の平方根（後年「リーマン計量」と呼ばれるもの）で表現されること．

これらに加えて，さらにいくつもの仮説的前提を置かなければ，多様体の計量を決定することはできない．計量は内在的に決まるものではなく，いくつもの仮説

43) リーマン [76]，p.300．原文（[75]，pp.278）："Die Untersuchung dieser allgemeinern Gattung würde zwar keine wesentlich andere Principien erfordern, aber ziemlich zeitraubend sein und verhältnissmässig auf die Lehre vom Raume wenig neues Licht werfen, zumal da sich die Resultate nicht geometrisch ausdrücken lassen; ich beschränke mich daher auf die Mannigfaltigkeiten, wo das Linienelement durch die Quadratwurzel aus einem Differentialausdruck zweiten Grades ausgedrückt wird."

44) フィンスラー幾何学では，線素は2次の微分式の平方根になるもの（いわゆるリーマン計量）だけでない場合も考察している．

により可能性を絞り込んでいかなければ決まらないという意味で，外在的なものなのである．

この「計量の外在性」ということについて，教授資格取得講演の第 III 章では特に空間（3 次元多様体）の場合が議論の俎上にあげられる．すなわち，我々をとりまく物理的な空間の計量規定は，どのようにして決定可能であるか．リーマンは第 III 章第 1 節で，次の三つの可能性をあげている．

(a) 空間の各点での曲率を計測する．
(b) 剛体の運動可能性を前提し（つまり，定曲率であると仮定し），一つの三角形の内角の和を求める．
(c) 線の長さのみならず，その方向も位置によらない（つまり平行移動が可能）と前提する（このとき曲率は 0 である）．

そして，これらの前提となる仮説の正当性は，どの程度まで経験によって保証できるかという問題が第 2 節で考察されている．

> 「この問題との関連で，単なる延長関係と計量関係との間には本質的な差がある．すなわち，その可能な場合が離散的多様体をなす延長関係というものについては，経験の言明であるから完全に確実ということは決してないのであるが，それでも不正確ではない．他方，その可能な場合が連続な多様体をなす計量関係というものについては，経験からおこなうどのような規定も正確ではありえない．そのような規定がほぼ正しいという蓋然性は大きいとしても，つねに不正確なのである．」[45)]

このように，リーマンの空間概念を出発点として計量規定を考察すると，それがア・プリオリには決定されず，経験などの外在的な条件によってしか確定することができないという画期的なア・ポステリオリズムが導かれる．これはカン

[45)] リーマン [76]，p.305．原文（[75]，pp.284）："In dieser Beziehung findet zwischen den blossen Ausdehnungsverhältnissen und den Massverhältnissen eine wesentliche Verschiedenheit statt, insofern bei erstern, wo die möglichen Fälle eine discrete Mannigfaltigkeit bilden, die Aussagen der Erfahrung zwar nie völlig gewiss, aber nicht ungenau sind, während bei letztern, wo die möglichen Fälle eine stetige Mannigfaltigkeit bilden, jede Bestimmung aus der Erfahrung immer ungenau bleibt — es mag die Wahrscheinlichkeit, dass sie nahe richtig ist, noch so gross sein."

ト的な強いア・プリオリズムを打破するだけでなく，18 世紀以前の古典的な空間概念の基本的着想をも完全に乗り越えた，真に現代的なものであることは周知の通りである．のみならず，ユークリッド幾何学だけでなく（リーマン自身はこれについてなにも名言しないまでも）非ユークリッド幾何学や，さらにそれらを包括した壮大な幾何学の枠組みが生まれる土壌を与えるだけの普遍性と柔軟性も，ここから得られるのである．そしてこの理由によって，リーマンによる教授資格取得講演は現代的な「リーマン幾何学」の出発点とされるわけだ．

しかし，このような見方が，リーマンによる空間概念刷新や，ひいてはそこから引き起こされる西洋数学の 19 世紀革命の中での位置付けというより広い文脈において一面的な見方でしかないことは，以前序文の検討に際して述べた通りである[46]．次章以降の考察の中で我々は，リーマンによる多様体概念の導入とは一体どのような事件だったのか，そもそも「多様体」とはなんなのか，多様体を導入することでリーマンが本当に意図していたのは何だったのか，といったことについてさらに深い考察をしなければならない．そして，その中で，本章では触れることのできなかった教授資格取得講演の他の部分についても，詳しく検討することになるであろう．

[46] 4.2.2 項終わり．

Georg Friedrich Bernhard Riemann

第5章 多様体とはなにか

「多様体」という新しい数学的対象の導入によってリーマンが意図したことがなんだったのか，という問題の考察をさらに深めるために，歴史的なスケールも交えて多様体という概念を検討してみたい．それによって，リーマンの多様体概念の形成になにがどのように影響を与えたか，という問いにもある程度の解答を与えることができるであろう．

5.1 多様体論の系譜

5.1.1 位置解析と多様体

まず最初に，多様体が位置規定（の可能性）をもつ点の集まりとして定義されたということの意義について，もう少し深く考察する必要がある．以上述べてきたように，リーマンによる教授資格取得講演「幾何学の基礎をなす仮説について」において，リーマンは自体存在的な幾何学対象としての多様体概念を導入し，その内在的性質と外在的性質について議論した．内在的性質とはその位置規定可能性であり，連続的多様体の場合には局所的な座標系による量規定への還元によって可能となるものである．他方，外在的な特性としてもっとも重要かつ基本的なものとして計量規定を考察し，それが可能となるためにはいくつかの基本的な前提（「ものさし」の運動可能性など）が必要であること，そしてその前提の下で計量規定を決定するには，例えば経験による示唆から着想された，いくつかの仮説的前提が必要となることが議論された．この最後の点，つまりリーマン計量による計量規定をもつ多様体（いわゆるリーマン多様体）を数学の対象として導入し，空間概念に現代的なア・ポステリオリズムをもたらしたという点は，この講演におけるきわめて斬新な着想であり，のちのリーマン幾何学の成立の出発点となり，ひいてはアインシュタイン（Albert Einstein, 1879-1955）の一般相対性理論への応用などにつながる影響力の大きいものであったことは，つとに知られている．しかし，この空間概念のア・ポステリオリズムは，あくまでも，それまでの古典的な存在論の範疇を超えた存在論的意味をもつ，すなわち単なる表象としての対象のあり方を超えた新しい存在様式をもつ「多様体」という存在物が，ここで初めてその存在への権利を主張し始めたということの副産物的帰結なのであり，この講演の唯一中心的なテーマとは言えないということは，先にも述べた通りである．2.2.2 項で述べた科学革命という事件の特徴「同じものがまったく違ったものに見えてくる」[1]と同様に，リーマンはそれまで人々が論じてきた「空間」というものを，「違うもののように見る」ための数々の提案をしたのだ．そしてその提案は空間というものの（例えば計量関係のような）属性のあり方を変革することによってではなく，空間が「存在している」という，そのこと自体の意味を変革することによってなされた．しかるに計量関係の外在性は，それはそれで数学的には重要な主張なのであるが，リーマンが行おうとした変革の全体系の中では付帯的重要性をもつに過ぎない．それは現在的視点によるからこそ特に目につきやすいものでしかないのであり，逆に現代数学ではあまりに〈自明〉なのでその意義が見えにくくなってしまっているもの，我々の視野からはすでに隠れてしまっていることにこそ刷新の本質がある．そしてその本質とは現代的な存在のあり方をもつ基本的対象――それゆえに現代の我々にとっては，もはやそれ以前の存在様式との違いが見えにくくなってしまっているもの――の導入というそのことにあったのである．

実際，このような視点からリーマンによる「多様体」を見てみると，その計量規定の外在性は，かえって「多様体」自身の内的存在性を際立たせていることに気づく．リーマンは多様体の計量規定が内在的には決定できないことを明らかにしたが，それは多様体自体がそもそも自律的な対象であることが前提とされていた上での議論だった．多様体とは「一般概念」のみによって単独で存在する，そしてそれ以外のいかなる外的条件にも左右されずに存在する対象であり，しかも

[1] 第2章，脚注 47 参照．

その中に位置規定可能性という豊かな内在的性質があるという，多様体自体の存在様式を前提とした上だからこそ，その計量規定の外在性という事実がより驚きと新鮮さをもつのである．ガウスの曲面論におけるような，$\mathbb{R}^3$ という入れ物の中で考えられた曲面には，$\mathbb{R}^3$ の計量規定から自然に計量規定が決まることから，その計量規定の外在性はわかりにくかったが，同時にその位置規定の内在・外在性についてもはっきりさせることができなかった．リーマンにおける多様体の計量規定の外在性は，多様体自身の存在の内在性という文脈の中でだからこそ，その意味を正当に浮かび上がらせることができるのである．

以上のことは，実際，リーマンが連続的および離散的な多様体の導入によって，計量を出発点とした幾何学を構築することよりもむしろ，〈計量概念を切り離した〉空間概念としての一般量概念の重要性を強調していたことによっても裏付けることができる．

「一つの量を物差しとして他のところへ運び去る手段がない場合，そのような多様体についてなされる研究は，量論のうち，計量規定から独立な一部門をなす．この部門では，量は位置から独立に存在するものとも単位によって表現されるものともみなされず，ある多様体の中の領域とみなされる．このような研究は，数学の多くの部門，とりわけ多価解析関数を扱うために必要なものとなっている．また，このような研究の欠如は，有名なアーベルの定理や微分方程式の一般的理論についてのラグランジュ，プファッフ，ヤコビの業績が，あのように久しく新たな実りをうまずに止まったことの主たる理由なのである．」[2)]

これはすでに講演の第I章第1節において語られていることであるが，ここで言われる「欠如していた」研究とは，計量概念によらない位相構造の研究，当時

[2)] リーマン [76]，p.297．原文（[75], p.274）：“Die Untersuchungen, welche sich in diesem Falle über sie anstellen lassen, bilden einen allgemeinen von Massbestimmungen unabhängigen Theil der Grössenlehre, wo die Grössen nicht als unabhängig von der Lage existirend und nicht als durch eine Einheit ausdrückbar, sondern als Gebiete in einer Mannigfaltigkeit betrachtet werden. Solche Untersuchungen sind für mehrere Theile der Mathematik, namentlich für die Behandlung der mehrwerthigen analytischen Functionen ein Bedürfniss geworden, und der Mangel derselben ist wohl eine Hauptursache, dass der berühmte Abel'sche Satz und die Leistungen von Lagrange, Pfaff, Jacobi für die allgemeine Theorie der Differentialgleichungen so lange unfruchtbar geblieben sind.”

の言葉で言うところの「位置解析（analysis situs）」[3]のことであると見なせる．実際，リーマンは計量規定によらない位置規定のみによって展開できる幾何学としての「位置解析」の重要性を強く認識し，これをアーベル積分の理論などに応用することで，その有用性を示すことになる．

> 「彼〔リーマン〕こそ，位相空間の概念を切り離し，これらの空間に関する自律的な理論のアイデアを着想し，（ベッチ数のような）後年の位相幾何学の発展に巨大な役割を果たした不変量を定義し，そしてこれを（アーベル積分の周期という）解析学に応用した最初の人である．」[4]

位置解析的手法はすでに1851年の学位論文の，特に被覆面の構成において一定の深みを示していたが，1854年教授資格取得講演のあとにも1857年の論文「アーベル関数の理論」においてさらに深められる．

> 「完全微分の積分から生じる関数の研究では，位置解析に所属するいくつかの定理がほとんど不可欠である．連続量に関する理論の一区域，すなわち諸量を位置に依存せずに存在するとみなしたり，相互に測定可能とみなしたりするのでなくて，量的な事柄は完全に度外視して，単に諸量の位置と，〔諸量がおかれている〕場との関係のみを究明する理論の一領域を，この位置解析という，ライプニッツによって用いられた名称で呼んでも差し支えないであろう．ライプニッツはたぶん，全く同じ意

---

[3] この言葉自体は現代数学においては用いられなくなってしまったが，ポアンカレ以降「位相数学（topology）」にとって代わられた．しかし，現代的な位相数学が古くからの「位置解析」の考え方をすべてくみとって発展させたわけではない．なお，5.1.3項を参照．

[4] Bourbaki [9], p.139. 原文：“[I]t is in fact he [Riemann] who, first, sought to disengage the notion of topological space, conceived the idea of an autonomous theory of these spaces, defined the invariants (the “Betti numbers”) which were to play the greatest role in the later development of topology, and gave its first applications to analysis (periods of abelian integrals).”

味でその呼称を使用したのではないかもしれないが.」[5)][6)]

このように，教授資格取得の前後，学位論文以降のリーマンにとって，計量規定のない空間の位置解析的考察は一貫して重要性の高いものであった．その比較で言えば，計量規定を組みにした多様体（リーマン多様体）は確かにリーマンのこの講演が端緒になっているとはいえ，これについてのリーマン自身の研究が極端に少ないことも，ここで指摘しておくべきであろう．リーマン多様体の導入が教授資格取得講演の，ほとんど唯一の数学史的意義として紹介されることは多い．しかし，それは現代的な存在様式をもつ幾何学的対象による新しい数学（これこそが「現代数学」だと言ってもよい）のプログラムという，大規模で深遠な含蓄から導かれる一つの帰結であるに過ぎない．当のリーマンには，リーマン多様体より以前の基本的で原初的なレベルで，もっと大事なことがあったのは確かである．それはすなわち，「一般概念」だけから自体的に規定される自律的対象としての多様体概念を大成させることであった．上述したように，そもそも多様体概念の初期の概念形成においては，リーマン面という計量規定とは関係のない空間概念を存在論的に基礎付けることが，そのそもそもの出発点であったこと，そして3.3.4項でも述べたように，リーマン面の理論においては位置解析的手法はきわめて重要性の高いものであったことを考えればなおさらのことである．

5.1.2 ライプニッツの空間論

しかるに，先の引用[7)]でリーマンが語っていたように，リーマンの多様体論においては位置規定のみから議論される空間論という意味での位置解析という着想が重要な動機を与えている．とすれば，この「位置解析（analysis situs）」に関

[5)] リーマン [76]，p.74．原文（[75]，pp.91）："Bei der Untersuchung der Functionen, welche aus der Integration vollständiger Differentialien entstehen, sind einige der analysis situs angehörige Sätze fast unentbehrlich. Mit diesem von Leibniz, wenn auch vielleicht nicht ganz in derselben Bedeutung, gebrauchten Namen darf wohl ein Theil der Lehre von den stetigen Grössen bezeichnet werden, welcher die Grössen nicht als unabhängig von der Lage existirend und durch einander messbar betrachtet, sondern von den Massverhältnissen ganz absehend, nur ihre Orts- und Gebietsverhältnisse der Untersuchung unterwirft."

[6)] リーマンが述べているように，ここで言う「位置解析（analysis situs）」は，ライプニッツが企図していたものとは異なっている．5.1.2項および De Risi [18], Chap. 2 参照．

[7)] 脚注5参照．

連して，ここでライプニッツに触れなければならない．

ライプニッツが幾何学に関して遺しているものは，その多くが断片的なものであり，なにかが一つのまとまった理論として大成されたわけではないが，その著作や断片，手紙などの年代学[8)]は，ライプニッツの幾何学に対する熱意がその研究人生を通して一貫したものであったことを物語っている．ことにライプニッツは「位置解析」という言葉の生みの親であり，この名の下に一貫して新しい幾何学の枠組みを構築しようと努めた．その動機の少なくとも重要な一つは，リーマンによる多様体概念のそれと同様に，幾何学の基礎付けの問題であった．そしてリーマンの場合と同様に，その目標はユークリッド幾何学を〈厳密に実現〉するようなモデルを，実在的な空間概念を構築することで与えること，そしてそれによってユークリッドが公理・公準として定立した諸命題を，定理として証明可能なものにすることにあった[9)]．さらにライプニッツにはデカルトによる解析的幾何学の方法を批判的に乗り越えた，新しい幾何学を構築すること，ひいては彼によって発見されていた無限小解析（微分積分学）と合わせて，より大きな枠組みである「普遍数学構想」へとつなげるという大きな野望もあった[10)]．そしてその研究の中で，ライプニッツは「空間」という概念を発明する[11)]．ライプニッツによる「空間」とは，位置（situs）付けられた「点」から構成され，その中にさまざまな「延長物（extensum）」が（位置という属性をもちながら）存在する．

> 「私が幾何学について考えるとき，すぐに二つの概念が思い浮かぶ．すなわち，絶対的「空間」それ自体であり，そこでは延長しか考えることができない．もうひとつは「点」であり，そこでは位置しか考えること

---

8) De Risi [18], pp.117ff.

9) De Risi [loc. cit.], p.19: “What is at stake here is no less than the *foundation* of Euclidean geometry not only through an indisputable rigorization of some key demonstrations within the body of the ancient works but also, and above all, through an extensive formalization and detailed discussion of the definitions and axioms with which the *Elements* begin. Its ambitious and explicit aim is to demonstrate all Euclid’s postulates.”

10) 林 [40]，3.1.3 項.

11) De Risi [loc. cit.], p.129: “[I]n the *analysis situs* we first find definitions and theorems the object of which is *space* in general. Now, this is a truly remarkable innovation, for no definition of space can be found in Euclid’s work or, as a rule, in any geometrical prior to modern times.”

ができない．空間は位置をもたず，点は延長をもたない．空間は無限であり，点は分割できない．空間はすべての点の場所である．
点と無限の空間の間に有限の延長物があり，それは延長と位置の双方をもつ．その外側の点を指定することは常に可能である．そしてそれは無限の空間の中にあって，他の延長物との関係で位置を帯びる．」[12)]

すなわち，ライプニッツにとって「空間」とは，位置規定を帯びた「点」や，位置規定と延長を帯びた図形（延長物）が，それら相互の間の諸々の関係——例えば，合同関係や相似関係など[13)]——とともに存在する場所のシステムのことである．その意味で，ライプニッツの空間や点の概念は，現代的な空間や点概念ときわめてよく似ているとも言えるが，まったく同等というわけではない．しかし，空間や点といった概念を純粋に抽象的なレベルで考察したことは画期的なことであり，その後の空間概念の考え方の推移に，陰に陽に影響を与えたことは確かである．

5.1.3 純粋関係形式としての多様体

以上のように，ライプニッツによる空間概念は，その抽象性，普遍性，およびその中の対象間の位置による関係性などを内在させている点で，リーマンによる空間概念の多くの側面の先駆けとなっていることは否めない．しかし，ライプニッツの空間とリーマンの空間との間には，もちろん，多くの相違が指摘できるのであり，しかもその中には重要なものもいくつかある．

例えば，ライプニッツにとっては，空間自体は絶対的なものであったが，リーマンにとってそれは仮説的なものであった．すなわち，ライプニッツの「空間」

[12)] De Rici [loc. cit.], p.166. 原文（De Rici [loc. cit.], p.624）："Ordine meditanti de rebus geometricis ante omnia occurrent duo, **Spatium** scilicet ipsum absolutum, in quo per se nihil aliud considerari potest, quàm extensio; et **punctum** in quo nihil aliud considerari potest, quàm situs. Spatium non habet situm et punctum non habet extensionem. Spatium est infinitum et punctum est indivisibile. Spatium est locus omnium punctorum.
Medium inter punctum et spatium infinitum est extensum finitum, & id extensionem habet et situm. Assignari potest aliquod punctum extra ipsum. Ipsum inest spatio infinito, ad aliud quodlibet habet situm. Puncta quotcunque numero finita intelligi possunt esse in uno spatui finito."

[13)] ライプニッツは図形の相等関係から現在のホモトピー同値に類似したものまで，さまざまな同値関係を考察していた．De Risi [loc. cit.], Chap. 2 参照．

はなんの前提やインプットなしに考えられる絶対的なものであったのに対して，リーマンのそれはそれぞれの「一般概念」から決定されるものである．また，ライプニッツは自分の絶対的「空間」の存在論について明確なことを述べたわけではない．むしろ，ライプニッツにとってはそれが関係性のシステムであるということが重要であり，その中の延長的物体が存在する以前の，純粋な広がりとしての空間について，実在論的に考えているわけではない．この点は，それぞれの空間はそれ自身で自体的に存在するという，リーマン的な空間の存在論とは一線を画している．さらに，リーマンの多様体は，上述の通り，その位置関係は内在的であるが計量関係は未規定なものであった．しかし，ライプニッツの空間においては計量に関する規定が未分化であり，それについて論じられる中で，暗黙のうちに計量規定が用いられている[14)]．

最後に，ライプニッツの空間はあくまでユークリッド幾何学の基盤整備という動機から一貫して，幾何学的あるいは物理的な空間を意図したものであったが，リーマンの多様体は必ずしも空間的なものに限定したものではない，という相違点もここで強調されなければならないだろう．実際，リーマンにとって「多様体」とは必ずしも幾何学的な空間の抽象的モデルを意図したものではないことは，つとに指摘されている[15)]．それは空間表象という枠にとらわれない，一般的な射程をもったものであったはずであり，だからこそそれは「一般概念」から決められる客体的存在というきわめて普遍的な対象としての存在権利を主張できるのであり，後年の集合論への発展，すなわち数学の現代化への道程の端緒ともなれたのである．

このことは，我々が以前，多様体概念が生まれる過程でのリーマンの草稿の検討[16)]において明らかにしたこと，すなわち，そもそもリーマンは空間的直観とは独立な対象として多様体を検討していたこと，そのような空間表象から離れた

[14)] ライプニッツの空間は計量規定をもつ空間であり，それをリーマン幾何の枠組みで解釈した場合，定曲率な空間である．De Risi [loc. cit.], p.181 参照.

[15)] 例えば，鈴木 [86]，pp.206-208．ここではリーマンの多様体が空間的なもののみを射程にしたものではなかったことの根拠として，次の二つがあげられている．(1) 第 I 章第 3 節終わりで n 次元多様体を述べた直後に，（無限次元の多様体の例として）関数空間についても触れていること，(2) 第 II 章第 1 節で，線素が 2 次の微分量の平方根である場合に限定はしないが，空間的な議論をするならそのように限定するべきだと述べていること（第 4 章，脚注 43 参照）.

[16)] 4.1.3 項参照.

考察によっても立派に幾何学ができることを示そうとしていたこととも整合する．そこではいくつもの量概念による多重連続系列によっても，幾何学的考察は可能であることが述べられていた．しかるに，リーマンの多様体はそもそも，ライプニッツにおける空間概念のような絶対的で固定したものではなく，さまざまな一般概念から決まる純粋に形式的な多重関係系列の形式そのものなのだ，という見方もできることになる[17]．

5.2　多様体論の起源

多様体論がそもそもどのような動機によって，どのような着想の中で生まれたかという問題について，我々はすでに4.1.3項において，ある程度の考察をしている．ここではこれに引き続いて，多様体論形成期における影響関係に注目して，その起源について考えてみたい．それによって，そもそも多様体とはなんであり，何を意図して導入されたものなのかという問題について，さらに我々の理解を深めることができるだろうと思われる．

本節で検討される影響関係は，主に次の二つである．

- ガウスからの影響．
- ヘルバルトからの影響．

これらの人物が多様体概念の起源の問題に関連してとりあげられる理由は，のちの議論によっても明らかにされるであろうし，そもそもガウスの影響が大であったことはもとより明白であると思われるが，実際，リーマンの教授資格取得講演「幾何学の基礎をなす仮説について」の中で名指して述べられているのが，この二人だけであるという事実によっても明らかであろう．この二人が触れられているのは，講演の第I章の序節においてである．

> 「これらの課題のうちの最初の，多重延長量の概念を展開するという課題を解決するにあたって，寛大なる評価を請求してもよいと私は考え

[17] 鈴木 [loc. cit.]，p.208：「リーマンはヒルベルトに半世紀ほど先行して，幾何学の名のもとに，空間表象とは独立した，関係形式そのものを扱う学を遂行していたことになる．」

る．基本概念が与えられたうえでの構成よりも概念自体に困難な問題が存在する，哲学的性質のこのような研究に私がほとんど慣れておらず，枢密顧問官ガウス先生が4乗剰余についての第2論文やゲッティンゲンの学報，学位取得50周年記念論文の中でこの問題について与えたきわめて短い若干の見解と，ヘルバルトの若干の哲学的研究とを除けば，先行研究をまったく用いることができなかったのであるから，なおさらそのような寛大な評価を請求してもよいと思うのである．」[18)]

ここでリーマンが述べているように，まさに多重延長量概念，すなわち多様体の概念を導入するにあたって参考にできたのはこの二人だけであった[19)]．しかるに，多様体論の起源の問題を検討する我々にとって，この二人の人物からの影響関係を検討することの重要性は特に大きいわけである．

5.2.1　ガウスからの影響

リーマンの多様体論におけるガウスの影響については，すでに複素平面導入による複素数の表象化と，$\mathbb{R}^3$ 内の曲面論からの影響について，しばしば述べてきた．2.2.2 項では，ガウスによる複素平面の導入が，虚数に関する存在論的困難，すなわち虚数は存在するのか，存在するとすればどのような意味でどのような存在様式によって存在するのか，といった問題を解消する「存在論的シフト」の端緒を与えたことを述べた．複素平面の導入は19世紀存在論的革命におけるパラダイムシフトの中で，特に〈直観的モデル〉による対象の存在論の刷新という典型的事件の先駆けなのであったが，これはそもそも複素数を平面という2次元多様体によって与えるということに他ならない．すなわち，リーマン的な言い

---

18) リーマン [76]，p.296．原文（[75]，p.273）："Indem ich nun von diesen Aufgaben zunächst die erste, die Entwicklung des Begriffs mehrfach ausgedehnter Grössen, zu lösen versuche, glaube ich um so mehr auf eine nachsichtige Beurtheilung Anspruch machen zu dürfen, da ich in dergleichen Arbeiten philosophischer Natur, wo die Schwierigkeiten mehr in den Begriffen, als in der Construction liegen, wenig geübt bin und ich ausser einigen ganz kurzen Andeutungen, welche Herr Geheimer Hofrath Gauss in der zweiten Abhandlung über die biquadratischen Reste, in den Göttingenschen gelehrten Anzeigen und in seiner Jubilaümsschrift darüber gegeben hat, und einigen philosophischen Untersuchungen Herbart's, durchaus keine Vorarbeiten benutzen konnte."

19) ガウスについては，講演の第II章序説の終わりにも，曲面論にちなんで名前があげられている．

方をすれば，それは「複素数」という「一般概念」によって決定される連続多様体なのであり，それは平面状に広がった2次元的な位置規定をもつ2重関係の系列形式なのである．というわけであるから，ガウスによる複素平面は，多重延長量の関係形式一般を対象として定立する多様体概念の，きわめて適切な実例をリーマンに与えたわけだ．

さらにガウスによる曲面論は，〈驚異の定理（Theorema Egregium）〉[20]を通じて〈内在的な〉対象の可能性を示唆したことであろう．そこで示唆される内在性は，二つの対象の間の特性を比較することで浮き彫りにされる「相対的内在性」に過ぎなかったとはいえ，これをきっかけとして，対象自体が自分自身より他のいかなる存在規定からも独立の存在様式を主張する，自立した「絶対的内在」としての存在となり得ることが，次第に意識されていったものと推測される．その意味で，ガウス曲面論における重大発見である〈驚異の定理〉は，リーマンの新しい自体存在的な空間論が発見される上で，きわめて重要な示唆となったであろうと思われる．

ところで，ガウスの業績の中で，特に先に引用した講演第I章序節[21]において名指しされているのは，次の二つである[22]．

- 4乗剰余についての第2論文[23]と，これについてのガウス自身による報告[24]．
- 学位50周年記念論文「代数方程式論への寄与」[25]．

このうちあとのものは，ガウスが自分の学位取得50周年において，いま一度1799年の学位論文の問題――「代数学の基本定理」の証明――に立ち返ったものである（いわゆる「第4証明」）．この論文の第5節で，ガウスは現在でなら位相幾何学的視点とでも言い得るような考え方の一端を，「位置の幾何学（Ge-

[20] 4.1.2 項参照．

[21] 脚注 18.

[22] 脚注 19 でも述べたように，これ以外にも第 II 章序説ではガウスの曲面論があげられている．

[23] Theoria residuorum biquadraticorum, Commentatio secunda, *Commentationes societatis regiae scientiarum Gottingensis recentiores*, **7** (1832). Gauss [29], pp.95-148.

[24] Selbstanzeige, *Göttingische gelehrte Anzeigen* (1831). Gauss [loc. cit.], pp.169-178.

[25] Beiträge zur Theorie der algebraischen Gleichungen, *Abhandlungen der königlichen Gesellschaft der Wissenschaften zu Göttingen*, **4** (1850). Gauss [30], pp.73-101.

ometrie der Lage)」という用語をもち出して説明している．

> 「私はここで位置の幾何学の装いを凝らした証明を与えようと思う．というのも，こうすることでもっとも明瞭で簡明にすることができるからである．しかし基本的には，この議論全体の本来の内容はもっと高い，空間表象とは独立な，一般的な抽象量の領域に属するものであり，そこでの対象は連続性による連結な量結合によって与えられる．この領域は現在までほとんど開拓されてこなかったので，幾何学的表象の言葉に頼らずに論じることはできない．」[26]

こう述べて，ガウスは多項式を複素平面上の連続写像と見て，位相幾何学的な議論——実部・虚部それぞれについて中間値の定理を応用し，その零点集合の形について議論する——を展開している．この部分は複素平面を「2次元の幾何学的対象」と見なすということ，すなわちこれを2次元の多様体という幾何的対象としての視点から議論するというやり方の先駆をなすものであり，新しい空間概念を模索していたリーマンにとっては，きわめて重要性の高いものであったであろう．ここでガウスがこの新しい学問領域は「空間表象とは独立な」ものであるが，それがまだ研究されていないので，ここでは「幾何学的表象の言葉」に頼らなければならない，としているのは，リーマン自身の初期の問題意識[27]——すなわち，空間的直観とは独立な議論の枠組みを目指していたこと——と重なるところが多いことも指摘しておくべきである．

しかし，リーマンの多様体導入における存在論の転回という我々の興味からは，むしろ最初のもの（4乗剰余についての論文とその報告）の方が重要性が高い．これはガウスが4乗剰余の問題をいわゆるガウス整数[28]を用いて議論する

[26] Gauss [30], p.79. 原文：“Ich werde die Beweisführung in einer der Geometrie der Lage entnommenen Einkleidung darstellen, weil jene dadurch die grösste Anschaulichkeit und Einfachheit gewinnt. Im Grunde gehört aber der eigentliche Inhalt der ganzen Argumentation einem höhern von Räumlichem unabhängigen Gebiete der allgemeinen abstracten Grössenlehre an, dessen Gegenstand die nach der Stetigkeit zusammenhängenden Grössencombinationen sind, einem Gebiete, welches zur Zeit noch wenig angebauet ist, und in welchem man sich auch nicht bewegen kann ohne eine von räumlichen Bildern entlehnte Sprache.”

[27] 4.1.3項参照.

[28] 整数 a, b によって $a + bi$ と書かれる複素数．その全体は素因数分解の一意性など，通常の整数全体

という，当時としては離れ業を行なっているものであり，そのため，ここでははっきりと複素平面の考え方が述べられている．

「ここでいくつかの一般的注意を述べる．4乗剰余問題を複素数の領域に移行することは，おそらく，虚量の性質に不慣れで，それについて誤った考えをもつ多くの人々にとって反論の余地のある不自然なものと感じられ，したがってこの研究は空中をさまようような，動揺した，そして明瞭さからは完全に遠ざかったもののように思われることであろう．そのような意見ほど，根拠のないものはない．それとは反対に，複素数の算術は最高に明快な図解によって説明できる．筆者はこの論文で純粋に算術的な考察を行なってきたのではあるが，それでもなお，その実現のための必要な示唆を与えることができる．それはこの実現をより明解にするので推奨に値し，自分で物事を考える読者のためには十分なものである．」[29)]

こうしてガウスは詳細に，複素平面上に展開された複素整数（der complexen ganzen Zahlen），すなわちガウス整数についての説明を与える．それはまず実軸上の整数の系列から始まり，この系列全体をこれと平行に〈上下に〉ならべることで，平面の格子状の系列（離散的な2重関係の系列形式）を構成する．そして，その格子の一点一点には，ガウス整数の一つひとつが対応する．

「この対象がこれまで誤った見方によって考察されてきたのだとしたら，そして常にその中に神秘の闇が見出されていたのだとしたら，それは大

と類似の性質を多く有している．

[29)] Gauss [29], p.174. 原文：“Wir haben nun noch einige allgemeine Anmerkungen beizufügen. Die Versetzung der Lehre von den biquadratischen Resten in das Gebiet der complexen Zahlen könnte vielleicht manchem, der mit der Natur der imaginären Grössen weniger vertraut und in falschen Vorstellungen davon befangen ist, anstössig und unnatürlich scheinen, und die Meinung veranlassen, dass die Untersuchung dadurch gleichsam in die Luft gestellt sei, eine schwankende Haltung bekomme, und sich von der Anschaulichkeit ganz entferne. Nichts würde ungegründeter sein, als eine solche Meinung. Im Gegentheil ist die Arithmetik der complexen Zahlen der anschaulichsten Versinnlichung fähig, und wenn gleich der Verf. in seiner diessmaligen Darstellung eine rein arithmetische Behandlung befolgt hat, so hat er doch auch für diese die Einsicht lebendiger machende und deshalb sehr zu empfehlende Versinnlichung die nöthigen Andeutungen gegeben, welche für selbstdenkende Leser zureichend sein werden.”

部分その控えめな名前のせいである．もし，$+1$, -1, $\sqrt{-1}$ のそれぞれに，正の，負の，虚の（または不可の）単位と名付けることなく，なにか，順の，逆の，横の単位と呼ぶならば，そのような闇はほとんど生じないはずである．」[30)]

このように，ガウスは虚数の受容の問題の少なくとも一部分は名前の問題でもあるとしており，それをも踏まえた視覚的説明によって，読者を虚数に対する心理的偏見から解放しようと努めている．そのように表面的に読めば，ここでガウスがしていることは，平面という既存の幾何学的対象とのアナロジーを唯名論的に展開したものとも受け取られるかもしれない．しかし，ガウスが論文のこの箇所で複素平面のモデル構築において注意している「向き付け」の問題は，ガウスが複素平面を既存的なものではなく，内在的な存在物ととらえていることを示している．ガウスは原点のまわりの四つの単位，± 1 と $\pm i$ の置き方に本質的に二つの方法がある，つまり，$+1$ を原点の右に置いた場合，$+i$ を上に置くか下に置くかの違いがあることを指摘するが，その違いが複素平面自体の内在性においては本質的なものではないことを指摘している．複素平面を外から（空間の中で）見る人にとって，向き付けはどちらかに決まっているが，平面に内在している住人にとっては（上下という第3の次元をもたない以上）向きは任意である．すなわち，向きが「区別可能だが区別自体は任意」[31)]という事実は，平面自体という「自体存在」がもつ内在的性質なのであり，これを外側から眺める我々の直観とは完全に独立したものである．

「右と左との区別は，平面内で前方と後方とを，そして平面の両側について上方と下方とを一度（任意に）定めたならば，それ自身において完

[30)] Gauss [loc. cit.], p.178. 原文：“Hat man diesen Gegenstand bisher aus einem falschen Gesichtspunkt betrachtet und eine geheimnissvolle Dunkelheit dabei gefunden, so ist diess grossentheils den wenig schicklichen Benennungen zuzuschreiben. Hätte man $+1$, -1, $\sqrt{-1}$ nicht positive, negative, imaginäre (oder gar unmögliche) Einheit, sondern etwa directe, inverse, laterale Einheit genannt, so hätte von einer solchen Dunkelheit kaum die Rede ein können.”

[31)] 現代幾何学の言葉で言うと「向き付け可能（orientable）」というものであり，「向き付けられた（oriented）」とは区別される．向き付け（orientation）は規約的に（任意に）選択するべき（外在的な）ものであるのに対して，向き付け可能性（orientability）は内在的な性質である．向き付けが可能でない曲面の例としては，例えばメビウスの輪やクラインの壷，実射影平面などがある．

全に定まってくる．ただしわれわれがこの区別の直観を，現実に在る物質的事物において指示することによって，他の者に伝えることができさえすればである．この両方の注意はすでにカントがしていた．しかしどうしてこの明敏な哲学者がその最初の注意のなかに，空間がわれわれの外感の形式にすぎないという彼の考えの証明を見出したと信じ得たのか理解できない．何故ならば，その第二の注意は判然とその反対を，すなわち空間がわれわれの直観の仕方とは独立に実在的意味をもたねばならないことを証明しているからである．」[32)]

ガウスが目ざとく指摘しているように，この問題は平面という対象を，それ自体として一つの自立した対象として考えるか，あるいは我々の感性的直観が日頃から無批判に行なっているように，外在的所与から見られた対象としてとらえるかによって答えが違ってくる問題である．そしてこれこそ，平面という対象が複素数の位置規定として，我々の感性的直観とは独立な存在根拠をもっていることの証明だと述べている．

ガウスが指摘したカントの誤謬とされるものは，『プロレゴメナ』第 13 節の内容と思われる[33)]．そこでカントは，鏡に写った手や耳のように，とてもよく似ていて区別がつかないが，実際に重ね合わせることができないようなものがあるという事実こそ，我々の認識は「物自体」のそれではなく，それと我々の主観との関係において成立する「現象」に過ぎないことの証拠であると論じている．そこから進んでカントは，例えば左巻きらせんと右巻きらせんの区別は概念的なものだけでは不可能であり，したがって，それらを区別するための内部規定が

[32)] この部分は近藤洋逸 [59]，p.217 における訳を引用した．なお，「この両方の注意は……」以降はガウスの原文では脚注である．近藤洋逸はガウスの実在論的空間概念が語られているこの箇所がリーマンを刺激した可能性を示唆している．原文（Gauss [loc. cit.], p.177（一部改変）：“Dieser Unterschied zwischen rechts und links ist, so bald man vorwärts und rückwärts in der Ebene, und oben und unten in Beziehung auf die beiden Seiten der Ebene einmal (nach Gefallen) festgesetzt hat, in sich völlig bestimmt, wenn wir gleich unsere Anschauung dieses Unterschiedes andern nur durch Nachweisung an wirklich vorhandenen materiellen Dingen mittheilen können. Beide Bemerkungen hat schon Kant gemacht, aber man begreift nicht, wie dieser scharfsinnige Philosoph in der ersteren einen Beweis für seine Meinung, dass der Raum nur Form unserer äussern Anschauung sei, zu finden glauben konnte, da die zweite so klar das Gegentheil, und dass der Raum unabhängig von unserer Anschauungsart eine reelle Bedeutung haben muss, beweiset.”

[33)] カント [51], pp.74-77.

直観形式によって規定されていなければならないと論じるのであるが，これがガウスが誤謬として指摘した部分である．カントは，宇宙空間に一つの人間の片手だけがあり，それ以外のなにもないという状況でさえ，その手が右手なのか左手なのかということは，現象としては確定していると主張するのだ．しかし，これはあたかも，ボール一つしか存在していない宇宙の中で，そのボールが大きいのか小さいのか問うようなものであろう．右か左かという向き付けの問題は，空間に内在した性質ではなく，一つの（任意の）規約から他が必然的にしたがうという種類のものである．宇宙空間に一つだけ片手がある場合も，これを右手と呼ぶならば，これと向きの同じものは右手であり，異なるものは左手となるだけのことだ．つまり，それは任意の二者択一的規約なのである．区別ができるということのみは内在的だが，どちらをどちらに呼ぶかはまったく規約上の問題なのであり，空間自体の内部規定によって決まるような種類の問題ではない．「われわれが……X星と自由に意思を通じ合うことができるようになっていると仮定しよう．われわれは彼らに，長方形を「上から下へ」そして「左から右へ」走査するように頼んだ．彼らが「上から下へ」ということの意味を取りちがえる心配はない．「上」とは惑星の中心とは反対の方角であり，「下」とは惑星の中心に向かう方角であるから．「前と後ろ」も問題ではない．けれども，上，下，前，後ろの意味が定義されたとして，第三の方向を示す一組のことば，「左と右」を，われわれが理解しているようのと同じように彼らに分からせるにはどうしたらよいであろうか．」[34]．

しかるに，空間の向きの問題は，自体存在としての空間の内在的性質と外在的性質の違いという，普段は隠されていて見えにくくなっている問題をあらわに見せる現象の裂け目なのである．複素平面の構成において，ガウスは紛うことなくこの裂け目を明らかに見せているわけであるが，それは，ガウス自身が複素平面の構成が複素数の単なる平面表示という唯名論的な問題ではなく，多分に実在論的な色合いをはらんだ問題であることを十分理解していたからであろう．そして それだからこそ，我々は近藤洋逸とともに[35]，ガウスの論文のこの箇所がリーマンを刺激したと推測するのである．

---

[34] ガードナー [28]，p.219.

[35] 脚注32参照.

5.2.2 ヘルバルトからの影響

実は「多様体（Mannigfaltigkeit）」という言葉は，リーマンよりずっと以前からそれなりのニュアンスをもって使われていた．例えば，それはすでにガウスによっても使われており，先に引用したガウスの 1831 年論文[36]における複素平面の説明には「2 次元の多様体（Mannigfaltigkeit von zwei Dimensionen）」という言葉が見える[37]．5.2.1 項の考察によれば，ガウスにおける「多様体」とは空間的表象とは独立の，しかし空間的ななにかとして，そして多次元をも許容するような，空間感覚からは束縛されない観念的ななにかというニュアンスの言葉として使われていると思われる[38]．

しかし，おそらくガウス以前にはこの言葉はガウスのような特殊用語としては使われていなかった．一説によれば[39]，リーマンは多様体という用語をガウスから採用し，ガウスは哲学者のヘルバルトからとり，ヘルバルトはこれをカントから得たということである．すでにカントは感覚の「多様性」という意味合いにおいてこの言葉を遣っており，ヘルバルトもその使い方を継承している．しかし，これらの言葉遣いはガウスのそれとは違って，日常語としてだったであろう．

ヘルバルトは先に述べた通り，リーマンがその教授資格取得講演の中で名指ししたもう一人の人物であるが，彼がリーマンに影響を与えたと思われるのは，上述した[40]リーマンの「多様体」の関係形式としての側面との関連においてであると思われる．そこで本章の最後に，このヘルバルトからの影響について考察しなければならない．ヘルバルトからの影響については従来より賛否両論さまざま

---

[36] 脚注 24 参照.

[37] Gauss [29], p.176: “Sind aber die Gegenstände von solcher Art, dass sie nicht in Eine, wenn gleich unbegrenzte, Reihe geordnet werden können, sondern sich nur in Reihen von Reihen ordnen lassen, oder was dasselbe ist, bilden sie eine Mannigfaltigkeit von zwei Dimensionen...”

[38] これについて山本敦之 [98]，第 2 節では次のように述べられている．「ガウスが複素数の基礎づけ以降，多様なもの，多様体・多様性の名で呼ぶのは，我々の直観と密接にむすびついていると信じられた古典幾何学的空間と区別される，抽象的な，量の組合せ Grössencombinationen の拡がりのことであった．この多様体概念は，数学的存在の伝統的解釈を，次元に関して克服する枠組を提供するものであった．」

[39] ジョン・スタロの説．三宅 [67]，p.175，註（3）より．

[40] 5.1.3 項参照.

で[41]あるから，本書でも特に本書のテーマである「存在論的革命」という文脈から，ある程度詳しく検討することが必要であろう．

ヨハン・フリードリヒ・ヘルバルト（Johann Friedrich Herbart, 1776-1841）は1802年に哲学と教育学の学位をゲッティンゲンで取得した哲学者・教育学者であり，1809年にはカントの後任としてケーニヒスベルグ大学の教授職にあった．1833年には哲学の正教授としてゲッティンゲンに戻り，1841年に亡くなるまで，その地位にあった[42]．

ヘルバルトはカントの後任であったくらいであるからドイツ観念論の流れに与するものではあり，自らをカント学徒であるとも言明しているが，どちらかというとドイツ観念論の中ではシェリングやフィヒテのような主流ではない，傍系に属する哲学者である．実際，その哲学上の教説はカントのものとは大きく異なっている．特に，カントが純粋直観や直観形式による強い意味でのア・プリオリズムを主張していたのに対して，ヘルバルトの考え方は対照的だと思われるくらい経験論的な色彩が強い（もちろん，まったくの経験論者だというわけでもない）．ヘルバルトも物自体と現象を区別したことはカントの功績であるとしてはいるが，物自体はまったく認識が不可能であるというカントのような考え方はしない．火のないところに煙は立たないというくらいの意味では，現象は実在を間接的に指し示すことができる．しかるに，我々の認識はカントの言うように，ア・プリオリな認識形式によってつくられているというわけではなく，経験を通じた修正によって本質に近づくことができるであろう．ヘルバルトは哲学の仕事を「概念の修整（Bearbeitung der Begriffe）」と定義する[43]．

ヘルバルトの考えでは，物自体は直接認識できないにしても，間接的には認識される．しかし，感覚によって認識された現象の束は，そのままでは矛盾だらけであり，そのままでは思惟の対象として概念化できない．矛盾を含んでいるのは，それが無秩序に多様だからである．この「感覚＝多様」からさまざまな方法で，自然科学的な概念を派生させ，経験を通じて修整していくというのが「概念

[41] リーマンへのヘルバルトからの影響をめぐる論争については，山本敦之 [98] の第1節にまとめられている．

[42] ヘルバルトの経歴については，Scholz [80], Appendix 1 を参照．

[43] 九鬼 [62]，p.347.

の修整」という方法である．感覚されたままの多様がそのままでは純粋でないのは，それがさまざまな「質」が無秩序に混ざり合っているからであり，それを一つひとつ解きほぐし，質の諸要素の集まりに分解したのちに，それらの間の関係性を秩序立てて復元する．このように現象という矛盾の網の中にも，質の諸要素というモナドがそれなりの秩序をもって見出されるはずだと考えているという意味で，ヘルバルトはライプニッツ的な多元実在論者であり，ヘルバルト自身は自分の立場を「質の原子論（qualitativer Atomismus)」と呼んでいた[44]．

これらの実在的な質的原子が現象するとき，それらは他の原子との関係の中で「量的関係性」として現象する．例えば，二つの質 A, B があって，それらが互いになんらの量的関係にない（直交している）場合，それらは互いに独立した現象の内属を形成する．しかし，A と B が互いに他を制限しキャンセルし合うものである場合，それらの間にはニュートン力学的な力の量的関係から生じる緊張状態が引き起こされる．そしてその量的緊張状態は A と B の間の力の強弱によって，連続的な系列を生成し，それぞれの状態はその系列の点（場所）に対応するという形で幾何学化できる．こうして「系列形式（Reihenformen)」と呼ばれる幾何的表象が生成されることになる[45]．例えば，音程や色調なども系列形式として生成し，音程線や色彩三角形などが現出する．音という現象は音の高低に応じて 1 次元の系列形式をなし，また，色彩は赤，青，黄色による 3 つの質原子の緊張関係から，それぞれの量的割合に応じて三角形状の 2 次元系列形式をなすというわけである．これらばかりではなく，そもそも時間や空間などもそれぞれに系列形式であり[46]，このことは時間や空間は直観のア・プリオリな形式であるとするカントの考え方とは一線を画している．

以上はヘルバルトの形而上学の方法論の大まかな説明であるが，あとの議論のために，ここでヘルバルトの形而上学の体系を九鬼周造（[62]，p.348）にならって系統的に素描してみよう．ヘルバルトの形而上学（Metaphysik）は，まず，一般的形而上学（allgemeine Metaphysik）と応用形而上学（angewandte Meta-

---

[44] 九鬼 [loc. cit.]，p.353.

[45] Banks [4], p.49: "Herbart believed that all intensities could be grouped into qualitative continua by considering each place on the continuum as the outcome of an opposition by the qualities (forces) at either extreme, red versus green, right versus left, etc."

[46] 三宅 [67]，p.164.

physik）に大別される．一般形而上学は方法論（Methodologie），存在論（Ontologie），連続論（Synechologie），形態論（Eidolologie）という4つの部門に分かれる．

- 「方法論」は上に述べたような，矛盾の解きほぐしによる概念形成の手法を論じる学問である．
- 「存在論」は「感覚＝多様」における矛盾の中でも特に内属（Inhärenz）と変化（Veränderung）という矛盾について論じることによって，その核に存在（Sein）と本質（Was）の両面を有する存在者（＝質的原子）を見出そうとする学問である．
- 「連続論」はスコラ学などで古くから論じられ，数学史的にも微分積分学における「不可分者」の学説と関連する，いわゆる無限分割可能・不可能の問題系を考察するものであり，この中でヘルバルトは連続は仮象であり，これを非連続的・離散的な表象から叡知的に導こうとした．
- 「形態論」は形象や表象一般の認識論をとりあつかう学問であり，上述の系列形式はここで考察される．

また，応用形而上学は次の3部門に分かれる．

- 「自然哲学（Naturphilosophie）」は連続論の応用である．
- 「心理学（Psychologie）」は形態論の応用であり，精神における表象塊の間の関係を定量化する系列形式によって精神活動を記述しようとする機械的心理学である．
- 「自然神学（natürliche Theologie）」

さて，以上のようなヘルバルト哲学の体系から，リーマンはなにを受けとり，どのような影響を受けたのであろうか．

> 「今やヘルベルトによって次のことが証明された．すなわち，世界の解明に役立つ概念とは，それが最初から言語化されて我々の手元にやってくるわけではないので，歴史の中にも現在の我々の発展の中にもその起源をさかのぼることができないのだが，それが単純な表象が連なった単

なる形式以上のものであるかぎりは，この源泉〔感覚知覚の表象〕から
やってくるのであり，したがって（カントのカテゴリーのような）人間
のすべての経験に先立つ精神の特別な概念化作用によって形成される必
要はないのである．
感覚的知覚を通して与えられたものの把握に，概念の起源があるという
〔ヘルバルトの〕証明は我々にとって重要である．それというのも，そ
れによってのみ概念の意味は自然科学にとって十分な方法で確立される
ことが可能だからである……」[47)]

リーマンは自分の草稿にこのように書いて，ヘルバルトの学説を高く評価している．リーマンにかぎらず，19 世紀の多くの自然科学の推進者たちからヘルバルトの哲学は支持された．それはヘルバルトによる「概念の修整」という方法によって，感覚的所与から出発してものの本質に一歩一歩近づくことができるという教説が，近代的な自然科学の精神と方法論にうまく適合したからであろう．

リーマン自身が講演で述べているように，彼の講演の内容についてヘルバルトからなんらかの影響があったのだとすれば，もっとも見えやすいレベルでは，その「多様体」がヘルバルトの系列形式によく似ているという点である．ヘルバルトによれば，存在者には「存在（Sein）」と「本質（Was）」という両面がある．それが「存在」するとは，それが我々の表象作用からも，他のどの存在からも独立したそれ自体として，なんの依存的なところも相対的，消極的なところももたないものとして「ある」ことである[48)]．しかるに，本質という〈一般概念〉を定立することによって，それを本質とする存在としての質が〈規定法〉として

[47)] Riemann [75], p.522: “Es ist nun von Herbert der Nachweis geliefert worden, dass auch die zur Weltauffassung dienenden Begriffe, deren Entstehung wir weder in der Geschichte, noch in unserer eigenen Entwicklung verfolgen können, weil sie uns unvermerkt mit der Sprache überliefert werden, sämmtlich, in soweit sie mehr sind als blosse Formen der Verbindung der einfachen sinnlichen Vorstellungen, aus dieser Quelle abgeleitet werden können und daher nicht (wie nach Kant die Kategorien) aus einer besonderen aller Erfahrung voraufgehenden Beschaffenheit der menschlichen Seele hergeleitet zu werden brauchen.

Dieser Nachweis ihres Ursprungs in der Auffassung des durch die sinnliche Wahrnehmung Gegebenen ist für uns deshalb wichtig, weil nur dadurch ihre Bedeutung in einer für die Naturwissenschaft genügenden Weise festgestellt werden kann...”

[48)] 九鬼 [62]，p.353.

一つの多様体をなすとされた場合，それは自体的な存在者の集まりとしての自律的な存在性を帯び，しかも，それが一つの「本質」という内包によって秩序付けられているという意味で，観念的純度の高い形式的かつ実在的な系列形式（ただし，本質の種別に応じては離散的かもしれない）を構成することであろう．そういう（いくぶん安直な）意味では，ヘルバルトによる表象の系列形式の考え方は，リーマンの多様体の概念に似ている．そして実際，系列形式に関するヘルバルト自身の説明と，胚胎期の多様体概念についてのリーマンの言明のいくつかの間に，見逃せない類似があることも指摘されている[49]．

しかしながら，ヘルバルトのリーマンへの影響，特にその教授資格取得講演における新しい空間概念形成への影響という点では，論者の間ではかなり意見が分かれている．ショルツは多様体概念の形成期のリーマンのアイデアの推移についてきわめて詳細な分析を行ったことで知られているが，彼の結論は「リーマンによる多様体概念の形成へのヘルバルトの影響は，あまり強いものではなかったように見える」[50]という，やや否定的なものであった．実際，彼はリーマンとヘルバルト両者における空間認識や，系列形式についてのアイデアの相違などを多くあげているが，それらはリーマンの多様体概念がヘルバルトの系列形式による表象の幾何学化という着想とは，あまり直接には関係していないことを示すものであった．しかるに，リーマンは幾何学的表象の構成について，ガウスを通じて19世紀的な幾何学化への一般的傾向は受けとったかもしれないが，それらはヘルバルトの哲学とは無関係であろうと述べている．

これに対してノヴァック[51]は，次の三つの根拠をあげることで，ヘルバルトのリーマンへの影響は少なからずあったと主張する．

(N1) ヘルバルトによる空間の構成的なアプローチが，空間の中での構成ではなくて空間そのものを構成するという点で，リーマンのガウスへの言及の内容に酷似していること．

(N2) ヘルバルトにならって，カントによる空間のア・プリオリズムを拒否し，空間を種々の性質をもちながら変化変動を許容するものと見ていること．

[49] 山本敦之 [98]，p.98.
[50] Scholz [80], p.423.
[51] Nowak [73], p.29.

(N3) 空間的対象の構成は直観において可能であり外界的な空間感覚とは独立にできるというヘルバルトの見方を採用していること.

(N1) の指摘は，本書でも 4.2.3 項でも述べたように，リーマンによる多様体概念の出現が潜在的には「数学の建築学化」への第一歩であったことに関連したものであり，リーマンによってもたらされた重要な変革のうちの一つである．また，(N2) も本書では先にさまざま場所で指摘してきたことであるが，これが特にヘルバルトからの影響によるものだとする根拠は，先に引用したリーマンのヘルバルトへの言及の部分[52]である．また，(N3) は言うまでもなく，リーマンが彼の多様体概念を感性的・外界的な空間直観からは独立に形成しようとしていた[53]事実についての指摘であるが，これがヘルバルトからの影響の一つであるという論拠は，リーマンも読んでいたに違いない，ヘルバルトによる次の文章である.

「厳密に言うと，純粋幾何学の対象は，物体があってその間は空であるような，感性的空間には存しない．幾何学的な円，四辺形，多角形などはその中のどこにもなく，どこに存在もせず，極限操作によって抽出されるわけでもない．むしろ，そのそれぞれは最初から幾何学者によって作り出されたのであり，それらによってその背景としての完備で自足的な空間（ganz vollständigen Raum）が，必要に応じて，構成されるのである．したがって，空間とは感性的空間にも，その中にも特別の位置を占めるというわけではなく，むしろ，他の考察をするときには頭の中からとりのぞいてしまうべきものなのである.」[54]

---

[52] 脚注 47.

[53] 4.1.3 項参照.

[54] Herbart, *Psychologie als Wissenschaft*, Section 100, pp.489-490. 原文（Nowak [73], p.43 より引用）: “Genau genommen, liegen auch die Gegenstände der reinen Geometrie nicht in sinnlichen Weltraum; dieser letztere ist theils von Körpern erfüllt, theils liegt es leer zwischen ihnen; die geometrischen Kreise, Quadrate, Polygone aber sind nirgends in ihm, haben in ihm keinen Platz, wurden auch nicht durch Begrenzung aus ihm herausgehoben, sondern der Geometer macht jeden von ihnen ganz von vorn an, und würde aus jedem derselben einen ganz vollständigen Raum, als dessen Umgebung, produciren, wenn ihm daran gelegen wäre, so dass auch dieser Raum gar keine bestimmte Lage gegen oder in dem sinnlichen Weltraum hätte, sondern man einen davon sich aus dem Sinne schlagen müsste, um den andern zu denken.”

ここでのヘルバルトの言明は，抽象的な空間が外界的な空間に則したものでは決してないこと，我々の空間認識の「素朴な抽象」[55]から得られたものではなく，むしろ，我々が最初から構成する建築物なのだと主張しているという意味で，先に2.2.3項において指摘した対象の〈建築学〉という見方にもつながる内容を示している．そして同時に，これはヘルバルトの「存在」に対する叡知的な見方——ヘルバルトもカント的な物自体と現象の区別を肯定していた——とも強く連動しているであろう．「存在」とは本来我々の表象作用とは独立でなければならず，なんらの依存的・相対的なものをもたないものであった．ヘルバルトにとっては，そのような厳格で真に叡知的な意味での「物自体」は，もとより純粋幾何学の対象になるはずはない．すなわち，対象となるべきは表象の方なのであるが，その表象は最初から心の中で構成されるべきものであり，必要とあれば心の中からとりのぞくべきものなのだということである．

ここで思い出しておくべきことは，ヘルバルトは真の存在物としては叡知的な意味での「物自体」しか認めてはいないということ，もっと具体的には，上にも述べた多元論的なモナドとしての「質的原子」しか認めていないということだ．それらは直接には認識できないもの（矛盾が生じるので）なのであり，現象として表象されるものは，それらが混沌と混ざり合った多様なのであった．ヘルバルト哲学の方法である「概念の修整」は，ここから純度の高い系列形式という表象を抽出する．しかるに系列形式はあくまでも表象なのであって，それそのものが「自体存在」ではないということである．これは，系列形式がいかにリーマンの多様体に似ているとしても，その存在論的意味合いはまったく異なっていることを意味している．

リーマンへのヘルバルトからの影響というテーマについては，他にもさまざま人々が考察している．バートランド・ラッセル（Bertrand Arthur William Russell, 1872-1970）はその著書 *An essay on the foundations of geometry* において，これについて次の五つの側面をあげている[56]．

---

[55] 2.2.1項参照.

[56] Russel [78], pp.62-63: "In the philosophers who followed Kant, Metaphysics, for the most part, so predominated over Epistemology, that little was added to the theory of Geometry. What was added, came indirectly from the one philosopher who stood out against the purely ontological speculations of his time, namely Herbart. Herbart's actual

(R1) ヘルバルトの幾何学に対する視点に隠された，空間の心理学的理論.

(R2) 点の系列によって延長を構成するやり方.

(R3) 音程の系列や色彩三角形などを空間的表象と比較する視点.

(R4) 連続系列より離散系列を重視していること.

(R5) 空間を系列形式として分類することの重要性の認識.

この文献におけるラッセルはリーマンの多様体概念について多くの誤解をしており，そのため，ここで検討に付する上でも注意が必要であるし，また，上の5点についてあまり詳細な説明を加えていないので，その真意を深く理解することはできない．しかし，ここでも (R2) として，空間の建築学・存在論が俎上にのせられているのは興味深い．また，(R3) と (R4) はリーマンの教授資格取得講演第I章第1節の次の部分を根拠にしている.

「少なくともある程度発達した言語では，任意に与えられた物について，それらの物を包括する概念が常に見出され（したがって数学者たちは，離散量の理論では，与えられた諸事物を同種のものとみなすという要請から躊躇なく出発でき）た．これに反して，その様々な規定法が連続な多様体をなす概念をつくるきっかけは，日常生活ではきわめてまれである．日常生活ではおそらく，感覚対象の位置と色彩との二つだけが，その様々な規定法が多重延長多様体をなす単純な概念である．その様々な規定法が，多重延長多様体をなす概念をつくりだし仕上げてゆく，より多くのきっかけは高等数学においてはじめて見出される.」[57)]

---

views on Geometry, which are to be found chiefly in the first section of his *Synechologie*, are not of any great value, and have borne no great fruit in the development of the subject. But hid psychological theory of spaces, his construction of extension out of series of points, his comparison of spaces with the tone and colour-series, his general preference for the discrete above the continuous, and finally his belief in the great importance of classifying spaces with other forms of series (*Reihenformen*), gave rise to many of Riemann's epoch-making speculations, and encouraged the attempt to explain the nature of space by its analytical and quantitative aspect alone."

57) 第4章，脚注30の直後の部分．リーマン [76]，p.296．原文（[75]，pp.273-274）："Begriffe, deren Bestimmungsweisen eine discrete Mannigfaltigkeit bilden, sind so häufig, dass sich für beliebig gegebene Dinge wenigstens in den gebildeteren Sprachen immer ein Begriff auffinden lässt, unter welchem sie enthalten sind (und die Mathematiker konnten daher in der Lehre von den discreten Grössen unbedenklich von der Forderung ausgehen,

また，トレッティ[58]はラッセルの5項目を検討して，このうち（R3）のみが真にヘルバルト的であり，これこそがリーマンがヘルバルトから受けとったものであろうと推測している．

ヘルバルトからのリーマンへの影響が考察される場合，ほとんど常に引用されるリーマンの草稿の中の一節がある．

> 「筆者〔リーマン〕は心理学と認識論（方法論と形態論）においてヘルバルト学徒である．しかし，ヘルバルトの自然哲学やそれに関連した形而上学の学説（存在論と連続論）には大抵は与しない．」[59]

ここに登場する四つの学問，方法論，存在論，連続論，形態論は，上に述べたヘルバルトの一般形而上学をなす4部門に他ならない．リーマンは方法論と形態論においてヘルバルトを支持する一方で，存在論と連続論においてヘルバルトを支持しない．その方法論（心理学）的側面については，上にも多くの論者が指摘するように，音程の系列や色彩三角形などの系列形式を空間的な「対象」と見なすという考え方に集約されるであろう[60]また，形態論（認識論）におけるヘルバルトのリーマンへの影響については，近藤洋逸が次のように述べている．

> 「〔感性的空間の〕中でわれわれは生き，その中に現象する空間的なものがあらわれ，これを心は自己のうちに感性的表象として書きこむ．空間が存在そのものの秩序の一形式であるならば，それはまた概念の対象でもありうる……リーマンがヘルバルトから摂取した認識論とされるもの

---

gegebene Dinge als gleichartig zu betrachten), dagegen sind die Veranlassungen zur Bildung von Begriffen, deren Bestimmungsweisen eine stetige Mannigfaltigkeit bilden, im gemeinen Leben so selten, dass die Orte der Sinnengegenstände und die Farben wohl die einzigen einfachen Begriffe sind, deren Bestimmungsweisen eine mehrfach ausgedehnte Mannigfaltigkeit bilden. Häufigere Veranlassung zur Erzeugung und Ausbildung dieser Begriffe findet sich erst in der höhern Mathematik."

[58] Torretti [89], p.107.

[59] Riemann [75], p.508. 原文："Der Verfasser ist Herbartianer in Psychologie und Erkenntnisstheorie (Methodokidie und Eidolologie), Herbart's Naturphilosophie und den darauf bezüglichen metaphysischen Disciplinen (Ontologie und Synechologie) kann er meistens nicht sich anschliessen."

[60] この点については近藤洋逸 [59]，pp.229–230 も参照．

はおそらく上述のような思想であろう.」[61]

すなわち，リーマン自身によるヘルバルト学徒としての自分自身の考え方を素直に読むならば，リーマンがヘルバルトから受けとったものは，トレッティが述べるように，その系列形式としての空間表象という考え方であり，この秩序だった表象を「対象」として認識することであり，このような着想を膨らませていった結果として，リーマンは自身の「多様体」の概念に行き着いたのだ，ということになるであろう[62].

しかしながら，リーマンによってヘルバルトの連続論と存在論が拒否されている点は，さらに検討を要することだろう．これはおそらく，先にも述べた，ヘルバルトの系列形式がもつ存在論的意味合いと，リーマンの多様体がもつ存在論的意味の違いに深く関係しているものと思われる．ヘルバルトにとって数学や科学の対象は，つまるところ表象なのであった．それは確かに感性的表象そのものでもないし，そこから「素朴な抽象」によって得られたものでもなかった．つまり，それはまったく古典的な意味での「表象＝対象」という考え方に基づいたものではなく，心の中で最初からつくり出せるという「構成的な」表象なのであった．その意味では，ヘルバルトの対象観は，18 世紀以前の古典時代のそれを大きく乗り越えていることは事実である．しかし，ヘルバルトにとって，それは真の意味での「存在」ではなかった．そして，だからこそ，彼はその「連続論」の中で，離散的でしかない表象から叡知的な意味での「連続」を対象化することができると考えることができた．すなわち，「連続」はヘルバルトにとって仮象でしかなく，存在しないものである．

しかし，リーマンにとっては，その多様体はそれ自身が自立した物自体として存在するべきものであった．つまり，それはただの表象ではなく，真の意味での「自体存在」であるべきものであったし，感性的・可視的表象としての対象とは根本的に異なった存在原理をもつ存在領野の物自体でなければならないのである．多様体は，その位置規定の記述や，被覆面のリーマンによる説明にもあったように，局所的・一時的には空間的表象を援用できるものでありながら，首尾一

[61] 近藤洋逸 [loc. cit.], pp.228–229.

[62] 同様の結論は山本敦之 [98] でも述べられている.

貫した整合的な表象をいっぺんに得ることは決してできない．なぜなら，それは感性的空間とは独立していなければならなかったし，（多重被覆面のように）可視的には実現できないような位置規定をもつからである．要するに，多様体は究極的には 2.2.4 項で論じたような「新しい物自体」でなければならないのだ．それは人間の表象能力とは独立な世界領野における物自体であるからこそ，自然界の事物を探求する経験科学が整合的であるのと同様な（あるいはそれ以上の）高い整合性を，それら事物の間に見出せると期待できるのであるし，そうであればこそ，それらの物自体によって一見直観的に数学することによっても整合的な正しさを確保できるのである．そして多様体には「連続」なものと「離散的」なものがある．連続なものはヘルバルトが言うように，確かに我々の感性的空間には存在しないかもしれない．しかし，それはそれ自体として「連続」という内包をもつ一般概念によって，多様体という存在様式では存在していなければならない．このような理由から，リーマンはヘルバルトの「存在論」と「連続論」には与することができなかったものと推測される．

以上をまとめると，ヘルバルトからのリーマンへの影響は以下のように説明できることになるだろう．

- リーマンはヘルバルトから，感性的空間表象とは独立な，それ自体として定立可能で，なんら依存的で相対的な側面のない〈延長物〉としての「系列形式」の着想を受けとり，これをさらに抽象化・形式化し，次元の制約を外して，さらには位置規定可能性をも付け加えて，自分の「多様体」概念に仕立てた（その意味で，リーマンはヘルバルトの方法論（心理学）と形態論を参考にしている）．
- しかし，その際，ヘルバルトが「系列形式」に対して構想していた存在論的側面は，リーマンの視点からは不十分なものであった．すなわち，ヘルバルトにとって「系列形式」は（いかにそれは形式性の純度が高いものであったとしても）それ自体が「存在」なのではなく，量的表象に過ぎないという部分を根本的に修正する必要があった．
- そのため，リーマンは自分の多様体概念の源泉をヘルバルト的な系列形式から切り離し，それ自体が自立的で内在的な存在規定しかもたない，つまりなんらの入れ物にも入らない「自体存在」，あるいは究極的には 2.2.4 項で述べたような「新しい物自体」に近いものにした．

- その結果として，リーマンはヘルバルトの「存在論」の教説にはしたがえないこととなったが，それだけでなく，「連続」を叡知的空間における仮象に過ぎないとするその「連続論」にも与することができないことになった．

ヘルバルトからの影響は，かくも複雑なものだったのではないかと思われるのである．「系列形式」という着想がもっとも重要なヘルバルトからの遺産なのだという点は，多くの論者とも同じ結論である．しかし，(ショルツが言うように) ヘルバルトの系列形式とリーマンの多様体との間の類似は，表面的なものとしか見えないものであることも事実である．そしてその理由は，両者の間にその「存在原理」の相違という隠された，深いレベルでの違いがあるからである．そうとは言っても，もちろん，ヘルバルトの影響は表面的なものではなかったはずである．それは，リーマンがそれについて講演で名指しするほどのものをヘルバルトから受けとろうとした，そもそもの動機を分析すれば，自ずとわかることなのではないだろうか．本章の最後に，この点についても一言述べたい．

前述のように，リーマンにとって重要だったのは「基礎付け」の問題であった．リーマンは代数関数やその積分について議論するうえで，自然な幾何的対象としてリーマン面を導入したが，それは実際に 3 次元空間の中には実現できない種類の，いわば可視的なものではなかっただけでなく，心の中にすら表象困難なものであった．しかるに，その基礎付けのためには感覚的空間表象からは独立であるだけでなく，たとえ表象不可能であってもちゃんとそれはそれ自体で「存在」しているものでなければならなかった．このような意味での〈存在〉が問題になるような，真に根本的な意味での基礎付けの要請は，おそらくリーマン以前のだれも遭遇したことはなかったであろう．

このような今までにはまったくありえなかった新しい状況に直面して，リーマンはその基礎をどこに求めたのだろうか．2.2.4 項で述べたように，当時は集合論がない時代であり，数学の基礎を数学に求めるという現在でなら当然のことが，まったく自明なことではなかった．しかるに，リーマンは自分の数学の基礎付けを哲学に求めたとしても，おそらくそれほど不思議なことではない．というより，リーマンは哲学に基礎付けを求めるより他に方法がなかったのではないかと推測される．というのも，リーマンが存在させなければならなかった〈対象〉とは，まったく不可視的・暗喩的なものであり，心の中ですら表象不可能なものだったからである．そのようなものの存在原理を保証してくれるような数学的基盤は，当時はまったくなかっただろう．とすれば，リーマンにとって残された道は，哲学しかなかったであろう．

そしてそんな中で，リーマンはヘルバルトの哲学の中に「幾何学の基礎」と「リーマン面の存在基盤」という二つの動機の双方を解決する端緒をつかんだのである．ヘルバルトの「概念の修整」という方法による形而上学は，リーマンには経験科学的な色合いの濃いものと感じられたであろうし，その空間論は経験的・心理学的なものに感じられたであろう．しかも，その系列形式の考え方には，ガウスによる複素数の表象化や，自分の〈面〉の概念とも相通じるものを感じたであろう．確かにそれはリーマンが要求するような存在原理をもつものではなかったが，「一般概念」からその「規定法」のクラスとして多様体を構成するという，いくぶん経験科学的な対象構成のアプローチに対して，それなりの客観性を付与するものではあったはずである．しかるに，存在論的には確かに不十分であったとはいえ，ヘルバルト哲学から受けとったものは，リーマンの多様体論にとってその存在根拠の唯一の源泉であったわけである．

Georg Friedrich Bernhard Riemann

第6章
リーマンから現代数学へ

前章までの考察により，リーマンは「多様体」概念によってそれまでにはなかった新しい存在原理をもつ数学の対象を導入しようとしていたこと，つまり，それまでの古典的な意味での対象観，すなわち直接的にせよ間接的にせよ（あるいは抽象化や記号化のプロセスによってその出自が見えにくくなっているにせよ），つまるところ感性的自然と表裏一体の共犯関係にある表象としての数学対象という対象観から脱皮して，感性的・可視的表象からは独立したそれ自体としての内在的存在原理をもつ対象という考え方を，数理科学にもたらそうとしていたことが，かなりの程度明らかになったと思われる．リーマンによる新しい空間概念の導入は，リーマン幾何学の創始という通説的な重要性よりはるかに根本的で深層的な科学思想上の地殻変動をもたらした．それは西洋数学史における19世紀革命の中でももっとも重要な転換点だったのであり，数学における対象の存在論が完全に刷新されてしまうという，それまでの数学の人類史が経験したことのない，きわめて大規模で根本的な出来事であった．リーマンによる多様体概念の導入とは，まさに存在論的事件だったのである．そしてこの事件は，現代数学にいたるその後の歴史の推移にも，きわめて深く影響を遺している．本章では，特にこの「リーマン以後」の対象観や数学における存在論の推移について検討し，そこからさらに物理的現象領野との関連性におけるリーマンの空間概念の基本思想についても考察することにする．

6.1 集合論への道

6.1.1 対象観における転換

以前，4.2.3項では，リーマンによる多様体概念の定義，すなわち「さまざまな規定法をもつ一般概念から決まる量概念」としての多様体を，いくぶん現代的な集合の概念との類比で解釈した．すなわち，そこでは「一般概念」を集合を定義するうえでの条件式として，規定法を（その条件式を満足する）要素として読み，それによって多様体は「一般概念によって決まる規定法の全体」という，現代的な集合の定義とパラレルな読み方を採用していた．この読み方はリーマンの意図を理解するうえで，それなりの有効性をもってはいるが，しかし，そこには気をつけなければならない点も少なくなかった[1)]．第一に，リーマンの多様体には離散的なものと連続的なものがあるという点がある．すなわち，多様体はただの点集合とはちがって，現在の言葉では「位相構造」と翻訳できるものに近いであろう構造，もう少し素朴な言い方をすれば，点から点への推移の様態を表すなんらかの構造がもともと入っているものとして構想されていた．そして，その〈構造〉の意味で「離散的」なものと「連続的」なものの二種類があるとされている．特に連続的なものについては，局所的な座標による定量的な位置規定を導入することができるとされていることから，実はただの位相空間ですらなく，今日の位相多様体，あるいは「連続」という言葉の解釈によっては可微分多様体をも意味していた可能性がある．その意味で，リーマンの多様体を安易に「集合」の先駆けとして解釈してしまうことには，一定の注意が必要なのであった．

しかし，注意が必要なのは，実はそれだけではない．いま述べたような技術的な問題以前に，もっと原初的なレベルで多様体と集合の間には違いがあり，その違いを評価することは，今後の我々の議論にとっても重要になってくると思われる．というのも，この点は我々が多様体概念の解釈におけるもっとも重要な点としている「存在規定」に関わる問題だからである．

我々の多様体解釈は多かれ少なかれ集合概念との類比の中でなされており，そのため，多様体を「一般概念」自体とは別の，外延的対象として見なすという誘

[1)]第4章，脚注33参照．

惑を解釈者に与えてしまうかもしれない．すなわち，それは一般概念という条件式を満たす要素（規定法）の全体がなす集まりなのであり，クラスなのであり，外延なのだという考え方である．しかし，「教授資格取得講演」から読み取るかぎり，リーマンがこのようなことをはっきりと述べているわけではない．リーマンにとっては「概念 ⇝ 規定法 ⇝ 多様体」という順番なのであり，概念がもっとも優位なものとして考えられているのである．その意味では，「多様体」とは一般概念自体とは独立な存在としての外延的な対象である，と言い切ることはできない．それはクラス（集まり）という，概念とは別種の存在というよりは，概念自体であるという読み方もあるのであり，その意味では外延というよりは内包であると見なすべきものでもある．その意味で，リーマンにとっての数学の対象（多様体）は，もちろんそれまでの古典的な「表象＝対象」という素朴な存在論をもつものではもはやないが，しかしまだ現代的な「集合」にはなり切っていないのである．

「多様体」は確かにその存在論的規定において，18 世紀までの古典的対象とははっきりと一線を画しており，それまでの感性的表象と表裏一体な対象というあり方を乗り越えたからこそ，表象することのできない〈見えない〉ものを対象化することができたし，それがそもそも多様体概念導入のリーマンの動機の一つなのであった．しかし，だからと言って，その多様体の存在原理が，現代的な集合論における集合の存在原理と完全に同じものだったわけではない．2.2.4 項にも述べたように，現代的な「集合」は，我々の感性的自然やそれに付随した素朴抽象的な現象世界とは独立な，いわば「集合論的存在領野」とでも呼び得る叡知的な存在領野における存在物であり，その世界における物自体なのであった．それは表象ではなく物自体なのであり，例えばクラインの壺のように，それに対して人間は局所的・一時的・不完全的な表象，そのもの全体の大域性においては不整合的な仮象的空間表象にとどまる表象作用によってしか，そのものを〈見る〉ことはできないという意味で物自体なのであり，我々の表象作用の向こう側にその存在が不完全ながら透けて見えるという類のものである．しかし，我々のまなざしには不透明でありこそすれ，その向こうには矛盾のない整合的な存在世界が広がっている（と期待されている）からこそ，そして集合はその世界における物自体であるからこそ，集合論という一見人工的で直観的な基盤構造を基軸とした現代数学が（少なくとも，今のところは）首尾一貫した正しさと整合性を確保できているのである．このように「集合」は数学独自の存在原理をもつ領野における〈新しい物自体〉なのであった．このような不可視の対象を独自に存在させることで，それらについての正しさや整合性を確保しようという発想は，確かにリーマンをもってその嚆矢とするべきであろう．しかし，だからと言って，リーマンによって導入された多様体が，そもそもその歴史の最初から，集合のようなある意味究極的な純粋外延としての存在様態をもつものとして構想されたということにはならないだろう．そして実際，リーマンにとっての多様体の存在様態は，集合のそれとはかなり異なっていたと思われるのである．

上にも述べたように，リーマンは基本的に「概念」を優位に考えていたと思われる．その背景には，もちろん，リーマンの先駆者たちによってすでにある程度なされていたと思われる「量から概念へ」という，19世紀前半における存在論的革命の前哨戦があるだろう[2)]．すなわち，量の式の変形を積み重ねるという，往々にして盲目的になってしまいがちなそれまでのやり方ではなく，概念的思考を多くとり入れることで，盲目的な計算を回避するというやり方である．リーマンは自分の関数概念の考察においても，このような概念的思考による議論を重視していたことは，すでに我々も第3章で考察した通りである[3)]．しかるに，（多様体のような）それまでの存在原理を超えた対象という系譜の中で考えた場合，「リーマン的な考え方」とは，次のようなキーワードで代表させることができるだろう．

- リーマン的：概念優位，内包的，〈計算〉よりも概念的〈思考〉．

したがって，このようなリーマン的な意味での新しい対象から，集合論へと発展していくには，その発展の途中のどこかで「概念優位・内包的」な考え方から「要素優位・外延的」な考え方へと，その基本理念の転換がなければならなかった．フェレイロスによれば，そのようなアイデアの転換はデデキントとカントールによってなされた．デデキントは元々はリーマンのような概念的数学のやり方の推進者の一人であったが，その理論における対象のとりあつかいは，前述の

[2)] 2.2.1 項参照．

[3)] 特に 3.3.3 項を参照．

イデアル[4)]や切断による実数概念などにも見られるように，典型的に集合論的なものに変化している．そして，カントールの「多様体論（Mannigfaltigkeitslehre)」において初めて本格的な集合論の構築が始まったときの多様体は，内包的対象から外延的なものに変化していた．すなわち，上に述べたリーマン的なものとの対比で見ると

- カントール的：要素優位，外延的，概念の〈算術〉的とりあつかい．

ということになる．すなわち，カントール的な集合論においては，リーマンによって創始された「物自体」として〈自体存在する概念〉という内包的対象が，代数算術の対象という，より外延的な存在物になっているわけである．こうしてみれば，主にベルリン大学周辺の代数的・算術的気風の中で育ったカントールが，リーマン的な多様体概念を吸収し自分の集合論へと変奏させる中で，ゲッティンゲン・スクール的な概念重視の考え方と代数的・算術的視点とを融合・調和し，今日の集合概念の端緒が形成されたと見ることもできるわけである．

6.1.2 集合論への道程

そもそも 19 世紀を通して集合という新しい数学対象が発明され，集合論という新しい数学の基礎が確立されるにいたった背景には，世紀の初めにあった「量から概念へ」という転換，すなわち数学における〈量概念〉の見直しという流れがあり，その転換が数学対象の刷新と数学全体の抽象化を導き，結果として集合論に到達したというのが大まかな筋書きであろう[5)]．「数学は量の科学である」というときの〈量概念〉が意味するものとはそもそも曖昧であり，それを正確に表現しようという努力がリーマンを始めとした人々によってなされ始めたこと

---

4) 2.2.3 項参照.

5) Ferreirós [24], p.42: "[R]econceiving the idea of a magnitude seems to have been one of the ways in which 19th-century mathematicians introduced novel abstract viewpoints and advanced toward the notion of set. Riemann meant his manifolds to become a new, clearer and more abstract foundation for mathematics, which is consistent with his strong interest in philosophical issues and with his conception of mathematical methodology. Unfortunately, this has normally not been taken into account by historians..."

が，結果として集合論の成立につながった[6]というわけである．

これはつまり，リーマンによる多様体の概念が，新しい量概念のとらえ方を提示することによって，〈量の科学〉としての数学の新しい基礎付けを提案するものであったという視点であり，集合論言語による数学の刷新は古典的な〈量の科学〉としての数学のとらえ方の延長線上にあるとするものである．リーマンは自分の〈面〉の概念や「多様体」が，それらは概念であるとはしながらも，優れて外延的なニュアンスを秘めた対象であることを十分に理解しており，それを用いることで数学自体の基礎付けを行うことができるということを示唆していたのだ[7]．そういう意味で〈量の科学〉としての数学を，その〈量概念〉そのものの変革によって新しいものに置き換えたというのは，もちろんリーマンの意図にかなうものであったであろう．

しかし，ここで加味されなければならない側面は，すでに我々が一貫して主張してきたように，対象の「存在論的側面」であり，リーマンによる〈量概念〉の変革の意味は，この基盤にうえに立って検討しなければその本質的をとらえることはできないという点である．先にも何度か述べたように，数学があつかう対象そのものは19世紀全体を通じて，少なくとも表面的には変化しなかった．またそれらを用いた定理や公式の正しさが19世紀の終わりには揺らぐことになったというわけでもない．20世紀になっても数学者は有理数や代数的数，代数方程式や解析関数などの伝統的な対象について考察していたし，もちろんそれらに対する視点は大きく変化したとはいえ，それらの古くからある数学対象の重要性が根元から覆されたというわけでもない．変化したのは，もっと目に見えにくい，可視的なレベルにある表層的な現象の向こう側にどうにか透けて見えるような深

---

[6] Ferreirós [loc. cit.], p.64: “Riemann stuck to the traditional definition of mathematics as the science of doctrine of magnitudes... During the 19th-century, several authors tried to give it [= the notion of magnitudes in mathematics] a precise sense, and this seems to have been one of the ways in which novel abstract view-points, and even the notion of set, began to be employed.”

[7] Ferreirós [loc. cit.], p.70: “The development of Riemann’s views affords a partial answer to the questions how the language of sets emerged from classical mathematics, and how sets came to be regarded as a foundation for mathematics. Riemann understood the surfaces of his function theory, and the manifolds of his differential geometry, as based on the notion of concept-extension, i.e., of class or set. On this basis, he proposed a revision of the classical notion of magnitude; he regarded manifolds, i.e., classes, as a satisfactory foundation for arithmetic, topology and geometry — in a word, for pure mathematics.”

層的なレベルでのことがらであり，対象そのものの見え方やそれらについての論理・演繹的意味合いというよりは，それらが対象として〈存在している〉というそのこと自体の意味なのである．要するに，19 世紀革命とは数学的な層における出来事なのではなく，その奥の哲学的・存在論的な層における歴史的事件なのだ．そのことを踏まえた上で，この「量概念そのものの変革」というリーマンの事業と，そのリーマン以後の受容や発展の推移を考察する必要がある．19 世紀において〈量概念〉そのものが見直された，というのは確かに正しい．しかし，ここで言う量概念「そのもの」が意味するところのものは，必ずしもわかりやすいものではない．

リーマンは教授資格取得講演において多様体概念を導入するときに，そこには連続的なものと離散的なものの二種類があることをすでに述べていた．連続的な多様体はリーマン以後，例えばクラインのエルランゲン・プログラムやヘルムホルツ（Hermann Ludwig Ferdinand von Helmholtz, 1821–1894），ベルトラミによる定曲率空間の抽象論などの文脈などでくりかえしとり上げられ，次第に幾何的・空間的対象としての市民権を得て行ったが，その一方で，離散的な多様体についてはこれらの主導的な文脈ではとり上げられることは皆無であり，そのため数学者の間から急速に忘れ去られていった．しかし，19 世紀終わりごろになってカントールが「多様体論（Mannigfaltigkeitslehre）」として，リーマンからの影響が明白な形で集合論の基礎の構築を開始する[8]．デデキントはカントールによるこの「多様体」という用語がリーマンによるものであることを十分に認識しており，その上でこれを――おそらくそれまでの間に一般的になっていた連続的多様体を示す言葉から区別するために――「領域（Gebiet）」という用語に変更することを勧めており，そしてその用語もリーマンによるものだと言っている[9]．

いずれにしても，こうしてデデキントとカントールによってリーマンの離散的多様体の着想から，そしておそらくデデキントがリーマンとの個人的交流から得ることのできた数学の基礎付けに関するプログラムから，普遍的個物[10]である

[8] Ferreirós [loc. cit.], p.72.
[9] Ferreirós [loc. cit.], p.73
[10] 2.2.4 項参照.

「要素」優位の外延的な対象概念としての集合という概念が次第に形成されていった．しかもそれは，リーマンが多様体に託した確固とした「内的存在原理」をそのまま引き継ぐものとして，すなわち，その存在論的基盤の上に安心して対象として使いこなすことができるものとして発展させることができたのである．ガウスが秘匿した19世紀初めにおける非ユークリッド幾何学や，彼が学位論文で意図的に使用を避けた虚数のような存在論的に不安定な状態であったら，デデキントもカントールも彼らの「集合」概念を自由に発展させることはできなかったであろう．デデキントはイデアルや切断による実数の再定式化などの仕事を通じて，どんどん集合のあつかいに慣れていったし，それに伴って便利な記号法なども整備していた[11)]．哲学的・存在論的な困難の下では，このような自由な発想の発展は難しかっただろうと思われる．リーマンの多様体概念がデデキントやカントールの集合論へ与えた影響はさまざまに論じられている[12)]が，それらのリーマンが与えた影響の中でも，彼が多様体概念を通じて構想した新しい存在原理，すなわち古典的な「表象＝対象」という図式を超克した，感性的表象とは独立な存在権利を主張できる内在的・自律的存在物という考え方が，デデキントやカントールを心理的に解放し，集合論への自由な発展へと導いたという可能性は無視できないものだろうと思われる．

この最後の点についてもう少し先を述べるなら，多様体（あるいは集合）の存在論に深刻にこだわらなくてもよくなったことは，実体的な〈モノ〉へのこだわりから数学者を解放し，それらの間の関係性（＝構造）への視点の推移をもたらすことにつながるであろう．リーマンの遺産により，数学の対象は「なにか」，すなわち数学の外の環境から外在的にその実質・実体を保証されたものとしての「なにか」である必要はなくなったのである．そのため，数学は「なんでもよい」そして「なにかである必要すらない」ものを，その基本的対象として，その原初的資材として構想することが可能となり，そこから出発してさまざまな対象を構築することができるようになった．これが現代的な集合論的数学の考え方である．「モノ＝実体」へのこだわりからの解放は，関係性優位の（構造主義的な）

---

11) 八杉・林 [97]，p.114：「デデキントとカントールはリーマンの多様を集合と捉え，デデキントは集合の言語を自由に扱うようになり，そのために思考が解放された」
12) 例えば，本書でもたびたび引用している Ferreirós [24] や八杉・林 [97] を参照．

数学という，より現代的な数学のあり方へとつながっているのだ．

しかるに，集合論の発展の中で最も重要で最も困難であったことは，集合・クラスを伝統的な「集まり」や空間から抽象する過程で「余計な構造」を剝ぎ取っていくことであった．実際，1890 年代までの集合論の発展史は，素朴な「集まり」としての集合から，少しづつ本質的でない構造や側面・特性を区別し，集合概念から引き離していく過程と見なすことができる[13)]．リーマンは多様体の内在的規定から計量の概念を引き離したが，まだ位相的な概念（位置規定の可能性）は未分化であった．また，集合概念はデデキントにおいてはイデアルなどの代数的対象への応用が主導的であったが，ここでは集合から代数的構造（和や積の構造）が分節化される必要があった．しかし，もちろん，これらの「分節化」のプロセスのもっとも重要な端緒を開いたのは，リーマンの多様体における感性的表象からの独立，つまり外在的な存在規定というもっとも根源的レベルにある「余計な構造」をそぎ落とすことであったのは論を俟たない．「非計量的な幾何的アイデアが，抽象的な集合論の発展を準備したと思われる……リーマンの寄与，およびその位相的側面と計量的側面の明示的区別は，この抽象化への道において決定的だっただろう．」[14)]

6.2 数学的経験論

6.2.1 幾何学における仮説性

以前，5.1.1 項でも述べたように，リーマンが多様体概念を導入することによって，数学対象の存在規定のあり方を変革したことの副産物として，特に幾何学における空間概念のア・ポステリオリズムがあった．例えば，『ユークリッド原論』で考察されているような平面や空間（ユークリッド平面・空間）は，リーマンの多様体の意味では，2 次元ないし 3 次元の位置規定をもつ連続多様体に，ある特殊な計量規定を定めたものとして解釈される．そしてこれは，それ以前のカ

[13)] Ferreirós [loc. cit.], p.74.

[14)] Ferreirós [loc. cit.], p.76. 原文：“Non-metric geometrical ideas seem to have been a prerequisite for the development of abstract set theory... Riemann’s contribution, and his explicit differentiation of topological and metric aspects, would seem to have been crucial in the way to abstraction.”

ント的なア・プリオリズム――すなわち，これらのユークリッド的空間は純粋直観の形式として先験的なものであるとする立場――を乗り越えた，画期的なアイデアであったことはよく知られている．古典的な見方では，物理的な空間が先にあって，これが数学の対象として我々に与えられている，すなわち物理的・外界的空間の表象がそのまま対象として幾何学の議論の題材となるというものであるが，リーマン以後の空間概念においてはこの順番がはっきりと逆転させられる．すなわち，そもそも感性的・物理的自然という存在領野からはまったく独立した叡知的な存在領野があって，その中で外界的表象などとはまったく異なる存在原理をもつ対象が考えられる，そしてそれがモデルとなって，ユークリッド的な，あるいはそうでない（非ユークリッド的な）幾何学や物理的空間を蓋然的に記述するというものである．したがって，幾何学における事実を数学的に議論するにしても，あるいは物理的な現象を数学的に説明するにしても，それらの議論はただ〈広がり〉としての表象的な空間からのみ行うことは不可能であり，これらの叡知的な存在としての〈空間＝多様体〉によって，しかもそこで計量構造などの必要な外在的所与を仮説的に投入することによって初めて可能となる．

すなわち，数学があつかう対象の存在領野（現代的には「集合論存在領野」）は物理的自然とは（少なくとも権利上は）独立した存在領野であるため，前者の対象を後者の議論に直接的に適用しようとすることは，そのままでは不可能であるし，また無意味であるというわけだ．なにしろ，多様体が物自体として存在する叡知的領野は，我々にとって可視的な自然界とはその根本的な存在原理が異なっているのである．そして，このような外界的自然から独立な存在領野を設定することは，例えば複素平面上にいく重にも積み重なった被覆面や，次元の高い空間といった数学的には自然であり得べきでありながら，感性的には不可視であり，表象不可能であり，かろうじて全体的には不整合的で局所的・一時的ないつわりの表象作用を積み重ねることによってしか直観的には把捉することのできない対象を数学が考察できるために必要なことであったし，そうであるからこそ，リーマンにとっては避けることのできないものであった．しかし，この中にあって，叡知的な多様体概念を物理的な，あるいはユークリッド幾何学のような古典的な幾何学に適用するためには，本来存在原理のまったく異なるものの間になんらかの関係性を構築すること，すなわち，なんらかの操作・意味付け・変形などを通じて，異なる世界領野の間の橋渡しをしなければならない．リーマンが教授資格取得講演の後半，特にその第 III 章でとりくんでいるのは主にこの問題であり，これに対してリーマンはさまざまな提案を行なっている．その中でももっとも重要なものが，計量関係の仮説性であり，それは経験によって蓋然的に与えるべきものでしかないという，本質的な数学的経験論・経験主義の表明である．

すなわち，リーマンにとって計量の経験性・仮説性は多様体概念成立の必然的な結論である．多様体概念は感性的表象作用が決して実現できないもの，つまり「表象＝対象」という古典的な数学のやり方では決してまともな対象として採用することができなかったものを，数学の真面目な対象とするために導入されたものであった．とすれば，それまでの自然的世界領野とはまったく別の存在領野を設定する必要があり，数学の基本的対象はすべてそこから基本的な建築資材を入手して，その中で建築されるという形の叡知的な枠組みが必要だった．しかし，一度このような領野が設定されると，そこから感性的表象の世界に降りてくるには，経験・仮説という人間が外在的に与える所与がなければならないというわけだ．そして，それはリーマンにとっては不可避的なことだったのである．

6.2.2 物質と空間

しかし，このことは特に物理的空間と叡知的多様体概念との関わりあいについて，きわめて驚くべきリーマンの洞察を引き出した．

問題となるべき箇所は，以前から我々が一貫して検討しているリーマンの教授資格取得講演「幾何学の基礎にある仮説について」の第 III 章第 3 節である．まずそこで，リーマンは現実の物理的空間への多様体概念の適用に関して，その幾何的側面に物質がコミットする可能性について言及している．

> 「位置から独立に物体が存在すると前提するなら，曲率はいたるところ一定で，天文学の測定から，それは 0 とそれほど異ならないということになる……しかし，そのような，物体の位置からの独立性が前提できない場合，大域的なところでの計量関係から，無限小の世界での計量関係を導き出すことはできない．」[15)]

[15)] リーマン [76]，p.306．原文（[75]，p.285）：“Setzt man voraus, dass die Körper unabhän-

ここで物体が「位置と独立に（unabhängig vom Ort）」存在するという言葉の意味が問題になる．この言い回しは，この講演中では上に引用した箇所の少し前（第2節の最後のパラグラフ）において初出であり，そこでも上の引用箇所と同様に空間の定曲率性と関連して用いられている．しかるにこれは「物体の存在が空間の幾何学的規定にはコミットしない」という意味に解釈するのがもっとも自然であるように思われる．もしそうだとすると，上の引用箇所は逆に，物体の存在が空間の幾何学的構造（例えば，計量規定など）に影響する可能性をリーマンが真剣に考えていることを意味している．現代的にはアインシュタインの一般相対性理論を彷彿とさせる視点であり，その意味ではきわめて驚くべき洞察である．そのため，この部分は一般相対論との関連でもよく引用されている．しかし，この引用部分におけるリーマンの見解を，安直に一般相対性理論と関係付けることは，もちろん危険である．実際，リーマンがここで物質が空間の幾何学にコミットする可能性を示唆している文脈は，現代の我々が一般相対性理論の立ち位置としているものとは異なっている．一般相対性理論は宇宙論的なスケールでの現象を記述しようとする理論であるのに対し，ここでのリーマンのコメントは，物理的空間への計量関係の経験的規定が原理的に不可能となると思われる，微小スケールでの空間概念についての考察である．ここでリーマンは微小スケールでの空間の諸規定は，連続多様体という位置規定をもつものとは異なったものである可能性も考慮するべきであることを示唆しており，もしそうである場合には，またもやそれに対してより相応しいような，まったく新しい空間の概念や計量規定の考え方を構想する必要があること述べている．上記の引用はこのような文脈の中でのものであり，したがって，この文脈においてリーマンの言わんとすることをそのまま読むならば，さしずめ現代の量子力学的スケールの物理現象を記述する空間概念について述べているということにもなるだろう．確かに量子力学的な現象の世界像においては，リーマン多様体的な連続計量空間とは相容れない，離散・連続という二項対立によっては透明化できないであろうまったく新しい空間概念が必要かもしれない．そして，そのような状況では，リーマンの言う

---

gig vom Ort existiren, so ist dass Krümmungsmass überall constant, und es folgt dann aus den astronomischen Messungen, dass es nicht von null verschieden sein kann... Wenn aber eine solche Unabhängigkeit der Körper vom Ort nicht stattfindet, so kann man aus den Massverhältnissen im Grossen nicht auf die im Unendlichkleinen schliessen[.]”

ように，空間概念と物質概念はもはや互いに独立に考えられるものではないであろう．

それはそうだとしても，ここでリーマンが空間の幾何学的規定と物質の物理的規定との間の関連について示唆していることは確かに驚くべきことであって，おそらくその当時の誰も想定することができなかった，きわめて斬新な発想であっただろうと思われる．「約言すれば，空間の計量関係を物質の作用が規定するというまことに驚くべき洞察が語られている……物理的なものによって幾何学的なものが規定されるとし，これによって物理学と幾何学とを隔てる障壁を取り去ったリーマンの見解は……空間論と幾何学の歴史において新しい時代を開いたものといえよう……[16)]」近藤洋逸が言うように，リーマンは空間的なものと物理的なものとの間の障壁をとりさることによって，空間思想の歴史において新しい時代を切り開いた．そして実際，20 世紀の相対性理論は多かれ少なかれそのような理論だったのである．しかしリーマンがここで空間概念の刷新においてもたらしたものは，これだけで語られるものではないだろう．我々が本書のこれまでの議論の中でしばしば強調してきた空間の「存在規定」の問題，つまりリーマンにとって空間の計量や位置などの内在的あるいは外在的規定の数々についての考え方を変革しようとしたことが議論の主要部だったのではなく，その根底にある空間概念の存在規定，つまり空間が「存在している」ということそのものの意味を変革することにこそ，その議論の中枢があったのだという視点から見た場合，ここでリーマンが物理的空間について述べようとしたことの，さらに深い意義が明らかにできると思われる．それは〈入れ物＝空間〉と〈内容物＝物体〉という二元論を，リーマンは克服しようとしていたのではないかという点である．

リーマンにとっては「空間」とはそれそのものが自分自体として，他のいかなる存在に依存することなく自律的な自体存在として存在するというものであり，すなわち自分自身の内在的な存在規定によってのみ存在するものであり，外界的自然とは異なる存在原理が適用される，独自の数学的・叡知的存在領野における存在である．したがって，このような〈それ自体〉で独立した自分の〈内側から〉存在する存在物を，物理的現象界というまったく異なる存在原理や存在規定

[16)] 近藤洋逸 [59]，pp.283-284.

をもつ世界に適用する場合，その無限に遠いといってもよい距離を飛び越えるために，さまざまな経験論的・仮説的手続きを踏まなければならない．自体存在としての数学的空間である多様体を，物体的自然における現象の世界に降ろしてくるとき，当然ながら，それらの間の関連性が問題となるわけだ．しかし，そもそもその前に，それらが実際に関連し得るものであるか否かが，最初に問題とされるべきであろう．一方で高度に叡知的な物自体としての空間概念があり，他方で多かれ少なかれ感性的現象界における物体概念がある．それぞれは互いにまったく異なる存在原理をもつのであり，その基盤となる存在領野も異なっている．とすれば，それらがなんらかの形で干渉しあうということ自体がきわめて奇跡的なこととなるであろう．上記の引用でリーマンが「物体が位置と独立に存在する」可能性に言及していたのは，まさにこのようなことではなかったかと思われるのである．

この一見解答不可能に見える問題に対するリーマンの応答こそが，いままで何度も検討してきた「仮説性」に他ならない．二つの根本的に存在規定の原理が異なる世界の間を行き来することは，そもそも不可能なことである．しかるに，一方の対象をもって他方の現象を記述しようとするのであれば，どうしても仮説的・暫定的にならざるを得ない．リーマンの多様体における計量関係の仮説性が，その存在規定からの必然的な帰結であることは上にも述べたが，このように物理空間への橋渡しという実際的な視点からは，それをより明瞭にすることができるのである．

しかし，リーマンはここでさらに踏み込もうとしているように見える．リーマンはこの仮説性という考え方において，現代的な自然科学におけるような，理論モデルの適用と現象の現実的検証の間にある不可避の不整合性と相互浸透性の問題を，多少なりとも意識しているように思われる．

> 「物理的な事物の尺度があたかも感性的性質と同じように事物や事象に付着し，いわばそこから単に読み取られるだけでよいのだという素朴な理解は，理論物理学の進歩とともにますます後退している．しかし，それに伴って，法則と事実の関係もまた変化した．というのも，個々の事実を比較し測定することによって法則に達するという説明は，論理的

に堂々めぐりをしていることがいまでは露呈しているからである．法則が測定から生じうるのは，もっぱらわれわれが法則を仮説的な形式でその測定そのものに置き入れたことの結果なのである．この相互関係がいかに逆説的に見えようとも，それは物理学の核心を忠実に示している．」[17)]

カッシーラーは現代的な自然科学の仮説性を，単なる仮説的枠組みの選択だけにとどまらず，積極的な理論自体のあてはめというレベルの行いだとしている．すなわち，観察や測定による結果が仮説の選択を促すことより，むしろ仮説が観察や測定の結果をつくり上げるというわけだ．その意味では，自然科学の仮説性における〈経験主義〉という言葉は，不可避的にある種の（高い立場における）欺瞞をはらまなければならないことになる．

「われわれ自然の現実性について描き出す「描像」は，感性的知覚の所与のみにではなく，われわれがそれに課す思考上の要求と観点とにも左右される……それらのなかでとりわけ〈空間〉と〈時間〉とは，さまざまな体系のいずれにおいても同じように登場し，したがって変わることのない構成要素，つまり物理学のすべての理論的基礎づけにとっての真に不変なものをなしている．この不変性こそ，この二つの概念が一見したところあたかも感性的な内容であるかのように見える根拠である．」[18)]

このような意味での「仮説」と「経験」の間の共犯関係によって，自然科学というパラダイムは成立しているのであり，「仮説」という言葉がもつ消極的な（経験から仮説へという）意味と積極的な（仮説が経験をつくるという）意味の両義性が，自然科学の根底にある「堂々めぐり」を弁証法的に解消しているのである．

教授資格取得講演の端々におけるリーマンの言動を見ると，リーマンはこのような意味での両義的な仮説性を十分意識しているように思われる．例えば，講演

17) カッシーラー [15]，pp.168-169.
18) カッシーラー [loc. cit.]，p.195.

の最初の序文「研究のプラン」最後では，「これらの仮説を観測の限界を超えて拡張することが許されるかどうかについて判断してもよい」[19]と述べて，経験が届かない部分の仮説についての判断を正当化していることは，以前も述べた通りである．しかるに，リーマンは物理現象界への空間モデルの適用ということの意味を，このような意味合いにおいてもかなり深く洞察していたように思われる．そういう目で見て見た場合，19世紀中葉のリーマンにとって，もっとも考察する価値の高い物理的な空間モデルは——リーマン自身の自然哲学の草稿にも数多く見出せるように——エーテルが充満した空間の中で近接力によって重力や電磁気力が伝播するという現象モデルに基づいたものであったはずである．そしてこのような空間モデルを構築する上で考えるべき空間概念においては，その「形式」と「内容」を切り離すことができない，すなわち「入れ物」と「内容物」という二項対立が超えられたものであるべきだっただろう．リーマンにとっては，空間そのものがそれ自体として存在する内的存在物なのであり，それは外在的な存在規定をもたない自律的な存在である．となれば，それは物体によって存在しているわけではないし，物体間の関係によって存在規定が定まっているわけでもない．むしろ，空間自体が物体やそれらの相互の関係性を存在させるのである．しかるに，それが存在規定という根本的な規定を通じて相互に干渉し合うのは当然のことであるはずだ．ましてや，物理的空間とはエーテルが充満した〈場〉としての存在なのであり，その意味でも「形式」と「内容」を存在論的に区別することは無意味であったはずである．

ここにおいて，空間の存在様式といういくぶん抽象度の高い問題が，その具体的な相において「形式」と「内容」という二項対立の超克という姿をあらわにする．ある意味，これこそがリーマンにおいて空間が〈それ自体で〉存在するということの，具体的な表現であるとも言えるだろう．したがって，この問題は抽象的空間論の物理学への応用という文脈だけにとどまらず，そもそも多様体を通じて数学対象全般を変革しようとしていた，その問題提起自体に深く関わる問題なのだ．リーマンは物理的空間への応用例の議論を通して，空間の存在規定のあり方を，さらに詳細に掘り下げようとしているわけである．そしてそこでの議論の

[19]第4章，脚注28参照．

核は，空間の「形式」と「内容」との相互関係に関わる問題であり，それらによる二元論を克服しようとする試みであり，そもそも空間とは〈入れ物〉という様態でだけで存在するものではなく，形式と内容は表裏一体であること，すなわち形式と内容は互いに他を規定しあうという意味で一元的なのだということである．

> 「空間の基礎にある現実のものが離散的多様体をなすか，あるいは，計量関係の根拠が外側に，すなわち空間の基礎にある現実のものに作用してこれらを結合させる諸力のうちに求められねばならぬかのいずれかなのである．」[20)]

このようなリーマンの空間論における「形式と内容の相互規定の〈場〉としての空間」という中心的思想は，これまでも多くの論者によって指摘されてきているが，我々の立場は前述の通り，この思想の根底にもやはりリーマンによる空間論のそもそも動機である，その「存在原理」の問題が横たわっているとするものである．これについて三宅岳史は，このようなリーマンの最終的な空間概念の背景にはヘルバルトの心理学の影響が見られるとし，またそのさらに背後にはライプニッツの時空論が透けて見えるとしている[21)]．ヘルバルト心理学（形態論）[22)]の影響の下，当時広く信じられていたエーテル宇宙論による自然哲学に基づいて，リーマンは〈場〉としての空間という着想から上述のような空間概念に到ったとされている[23)]．このような「エーテル的空間観」は，「形式＝物体」という空間のリーマン的存在様式を動機的に説明するキーワードとなり得るという意味で興味深いものである．実際，近藤洋逸はこのような「エーテルの満ちた充

---

20) リーマン [76]，pp.306-307．原文（[75]，p.286）：“Es muss also entweder das dem Raume zu Grunde liegende Wirkliche eine discrete Mannigfaltigkeit bilden, oder der Grund der Massverhältnisse ausserhalb, in darauf wirkenden bindenden Kräften, gesucht werden.”

21) 三宅 [67]，p.171.

22) 5.2.2 項参照.

23) 三宅 [loc. cit.]，pp.169-170：「……我々はリーマンが思い描いていた形而上学的世界観を垣間見ることができるのかもしれない．それはヘルバルトの静的な形而上学とは異なり，宇宙には媒質＝エーテルが充満し，このエーテルが光や電気，磁気，熱，音などを伝達するような流動的な宇宙像である．このエーテルは原子や精神に流入すると精神塊を生じさせ，この精神塊が動物の進化から人間精神までを説明するのだが，いったん生じた精神塊は不滅であって，宇宙の至る所に心的実体が満ちている．ヘルバルトの心理学とフェヒナーの形而上学から，リーマンは流動的な場の形而上学的宇宙像とも呼べるようなヴィジョンを思い描いていたのだろうか——．」

満空間」の想定がリーマンをして多様体概念にたどり着かせる助けとなったという意見を述べている[24]．近藤洋逸はまた，次のように述べて，初期のリーマンの思想の中でエーテルの運動による物理的世界観が，その最終的な空間概念に与えた影響の強さを示唆している．

> 「……エーテルの運動として光と重力とが作用している巨大な宇宙空間の幾何学は，剛体の自由運動を中心として造られた日常空間の示すユークリッド幾何学とは，別種のものであるかもしれない．現実の空間の計量にとっては，剛体と共に光が基本的であり，そしてもし可秤物体に源泉をもつ重力と光とが，いずれもエーテルの運動形式として統一的にとらえられるならば，これによって幾何学は物理的空間の上にしっかりと築きあげられ，幾何学は物質の作用の仕方によってその構造が規定されることにもなるであろう．」[25]

近藤が述べるような意味での，エーテルによる近接作用から全自然を統一的に把握するというプログラムがリーマンを多様体概念に導き，その新しい空間概念の創始につながったかどうかはともかくとしても，このような現象的空間の認識論が教授資格取得講演の一つの動機となったことは十分あり得ることであろう．そしておそらくそれは，空間の形式と内容との二元論の乗り越えを通じて，そもそもの空間の存在規定の深い問題へとリーマンを導いたのではないだろうか．そうであってこそ，リーマンのこの講演の最終節の革命的内容が，その本来的な迫力をもつのではないかと思われるのである．

---

[24] 近藤洋逸 [59]，p.278.

[25] 近藤洋逸 [loc. cit.]，p.250.

Georg Friedrich Bernhard Riemann

第 7 章
建築学的数学と実在論

7.1 多様体における抽象と具体

7.1.1 新しい実在論

数学においては，さまざまな形で「普遍」をあつかうことが本質的であり，不可避的である．数学という学問についての，おそらくもっとも通説的で素朴な解釈によっても，それは例えば外界的現象や数・図形についての叡知的世界での現象の記述において，それらの現象に現れる個別の対象についての偶有的な性質が問題なのではなく，大事なのはそれらの間に共通するパターン，あるいは普遍的に成り立つ法則なのだということになるであろう．いずれにしても，大事なのは個別的なことがらなのではなく，普遍的な内容なのだ．

数学において普遍が現れるパターンは多様であるし，またあつかわれる普遍の種類も多種多様である．そのうちの一つとして，おそらくもっとも素朴な形は次のものである．現代数学においては，ほとんどいかなる分野の数学の議論も，集合という基本資材によってなされ，集合によって建築された構成物によってつくられる．そこにおいてもっとも基本的な議論の構成要素の一つは

$$a \in T$$

という形の文（命題），すなわち「a は T に属する」というものである．ここで a は要素であり，それが T というクラスに属するものであるというのが字義通りの意味となるが，このような外延的解釈の背景には，当然，我々の思考パターンとして内包的な読み方があり，そちらの方が論理学的にはより根本的であろ

う．すなわちこれは「a は T である」ということになるのであって，その場合 T は a という個物にあてがわれた「述語」となる．しかるに T は複数（有限または無限）の個物にまつわる述語となるわけで，したがって，それは〈普遍〉である．すなわち，上の式「$a \in T$」は「a という個物が T という普遍によって述語付けられる」という内容をも言い表しているのであり，そのような読み方は現代数学の多くの場面で自然なものである．

このことは，現代数学における集合概念が，以前述べたように[1)]「集合論的存在領野」という高度に叡知的な存在界における〈物自体〉であるということ，すなわち，それは自然界とは独立の存在領野における具体的個物として自体的に存在するものなのだ，というテーゼとあわせて考えるとさらに示唆的である．「$a \in T$」という文において T は述語なのであり，普遍なのであったが，しかし，集合論という世界ではその T もまた個物なのであり，物自体なのである．すなわち，集合論は〈普遍〉をまた，さらに〈個物〉にしてしまうという理論なのである．

今述べたことは，さらに，現代的な集合論における「要素」と「クラス」概念の関わり合いを通して考察することで，その意義がよりはっきりする．現代的な集合論では「要素」と「クラス（集合）」の間の二元論は採用しない．つまり，「$a \in T$」と書かれた場合，a という「モノ」と T という「モノ」はどちらも集合論という枠組みの中では基本的に同等な対象と見なす．どちらも「モノ」なのであり，そのため集合論ではどちらも「集合」と呼ぶ．a が要素であるというのは T との関係においてなのであり，T が集まり（クラス）であるというのは，例えば a のようなものとの関係においてでしかない．それらは常に相対的な意味で要素でありクラスなのであり，絶対的な意味で要素であったりクラスであったりするわけではない．「$a \in T$」はその同等な意味における「モノ」の間の「二項関係」を表しているのであり，ここで T を集まり（入れ物）と見て a がそこに属するというのは，この二項関係の解釈でしかない．したがって，集合論において存在する対象は「集合」だけであり，集合論とはそれらの間の関係を記述する学問体系なのであり，「$a \in T$」はそのうちの一つの二項関係を表す式だと

[1)] 2.2.4 項.

いうわけである．

このような見方からすれば，集合論に現れる対象，すなわち集合はどれも同等に「個物」でもあり「普遍」でもあり得るのであり，どれも同等に「主語」ともなり「述語」ともなり得るものだということになる．集合論においては，それぞれの対象の普遍性や個別性も相対的なものであるに過ぎない．集合は普遍でもあり個物でもあるのである．ただ，現代の集合論における集合には「階数(rank)」の概念があり，強いて言えば，それが集合の〈普遍性〉の度合いを測っているとも考えられる．「$a \in T$」という式においては a という集合より T という集合の方が階数は高くなる．集合論における宇宙（universe）とは，階数によって階層付けられた〈普遍〉の体系なのであるが，しかし，ここで大事なことは，どの階層におけるどの〈普遍〉としての集合も，集合論の宇宙においては個別的な対象なのであり，集合論の世界という存在領野における「物自体」なのである．

あるいは，次のような言い方もできるであろう．集合論の宇宙は〈普遍〉の体系なのであるが，そこにおける個々の集合（= universe の要素）は個別的な存在である．それが〈普遍〉となるのは，それが集合論の存在領野からとりだされて表象となったとき——すなわち，要素の集まりとして解釈されたとき——である．集合は「物自体」としては個物でしかない．しかし，それは「集まり」とか「概念の外延化」とか「系列形式」など，さまざまな形・解釈によって表象され，その表象のレベルにおいて〈普遍〉となる．「$a \in T$」は表象レベルでの関係としては，まさに「a という個物が T という普遍によって述語付けられる」という現象を表す式だということになる．

したがって，現代的な集合論の哲学は，中世スコラ学以来の普遍論争における実在論を飛び越して，さらにその向こうを行っている．〈実在論〉は普遍がなんらかの実在の事象や事物に基づいたものであるということ，すなわちなんらかの形で現実に存在するなにかを根拠としていることを主張する[2)]．一方の〈唯名論〉はそのような根拠を認めず，個物の間の共通性はいかなる意味でも実在的なものに基づいてはいないこと，すなわち，それはあくまでも記述の仕方のみによ

[2)] 山内 [96]，p.96.

ることなのだと主張する[3]．すなわち，ここで俎上に載せられているのは，「普遍」というものがどのような存在様式をもつものかという問題なのであり，その存在権利がいかなるものであるべきかという問いなのだ．集合の存在論は，少なくとも日常的に数学をしている研究者にとってはまったく問題にならないという意味で数学のテーマではないのであるが，しかし，これを今述べたような「存在原理の問題」として受け止めた場合，その存在様式はきわめて実在論的であることがわかる．それは確かに——例えば18世紀のカントが言っていたような[4]——感性的対象にのみ関わるものではないが，それとは独立の存在規定をもつ「集合論的存在領野」における物自体と関わるのである．それは古典的な意味での実在ではないので，したがって，18世紀以前の古典的な「対象＝表象」というあり方からすれば，ある意味で唯名論的とも解釈されてしまうであろう．しかし，リーマンをその筆頭とする19世紀西洋数学の存在論的革命の推進者たちにとっては，それはそれまでの対象とはまったく違った意味で存在する充実した存在者なのであり，感性的直観とは独立の，それ自体の内側の存在規定によって存在する「新しい物自体」[5]なのであった．このような「新しい」実在物を根拠とする現代の数学は，したがって，古典的な実在論とは一線を画した「新しい実在論」に基づいた学問体系なのだと言うことができるであろう．

この実在論に基づいて展開される数学の議論は，したがって，ときとして神学的な形式をもつことがある（数学が神学なのだというわけではなく，形式が似るという意味である）．例えば，可換環論におけるもっとも基本的な命題「0でない可換環は極大イデアルをもつ」は，可換環論のみならず，広く代数学や代数幾何学一般において，もっとも基本的な命題であることは論を俟たないであろう——スキーム論においては，それはさまざまな場面で「点」の存在を証明するとき，ほとんど唯一と言ってもよい根拠である．この命題が主張するところは，要するに「点は存在する」というものであり，現代数学の集合論的世界におけるもっとも根本的な存在論の言明の一つなのだ．この命題の証明にはツォルンの補題（選択公理と同値）を用いるわけであるが，そのツォルンの補題の議論は，アン

[3] 山内 [loc. cit.]，p.98.
[4] 2.2.1 項参照.
[5] 2.2.4 項参照.

セルムスによる「神の存在証明」と形式的に酷似していることは多くの人によって指摘されている通りである．神学は実在論的にならざるを得ない[6)]．これと同様に，現代数学において深い議論をするためには，定理や命題が存在にコミットできなければならない．それは形式的には〈信仰〉に似ているとも言えるが，その存在を信仰し，対象の存在権利を擁護するのは学問の責任においてであり，現代数学という学問はこれに応えられるだけの基礎の深みを築いてきているのである．中世の神学者が「言葉は神である」というように，現代の我々は「言葉は集合である」と言うのである．

7.1.2　パースペクティブと普遍存在

19 世紀西洋数学における革命は「存在論的革命」であった．そこでは集合という「新しい物自体」が構想され，集合が生息する集合論的世界という新しい叡知的存在領野が見出され，「新しい実在論」とでも言うべき新しい存在原理の基盤が構築された．そしてそれによって，感性的直観によっては決して可視化できないもの，例えばクラインの壺や高次元空間などが〈存在物〉としての権利を堂々と主張するのであり，我々はそこから局所的・一時的な表象の断片を一つひとつ検討することができる（というより，そうすることしかできない）．その一つひとつの表象は集合論による表象という普遍であり，しかも物自体としては具体的な個物である．それらの普遍的表象の断片を数多く組み合わせて検討することによって，数学者はこれらの非感性的な対象を認識し，その全体像をできるだけ詳しく具体的に理解しようと努めることができる．すなわち，ここでは〈普遍〉が先にあり，それを発見し，そこからどれだけ詳細な〈具体〉に迫っていけるか，つまりその本質をどれだけ詳細に理解できるか，これが数学者の仕事になる．

例えば，クラインの壺を見てみよう．図 7.1 では，その概要図を示しているが，これは本来の「クラインの壺」の姿ではない，とよく言われる．というの

---

6)「……著名な神学者たちが，〈実在論〉の側に立って，〈唯名論〉に反対した理由は明らかである．「ことば」が存在にコミットできないのであれば，神の存在について論じる神学は，けして成り立たない．おそらく戯れ歌に過ぎなくなる……実在論者側の答えは，「ことば」が存在にコミットできるという保証をしているのは，まさしく「神」にほかならない，というものである．すなわち，「ことばは神である」.」（八木 [95]，p.115.）

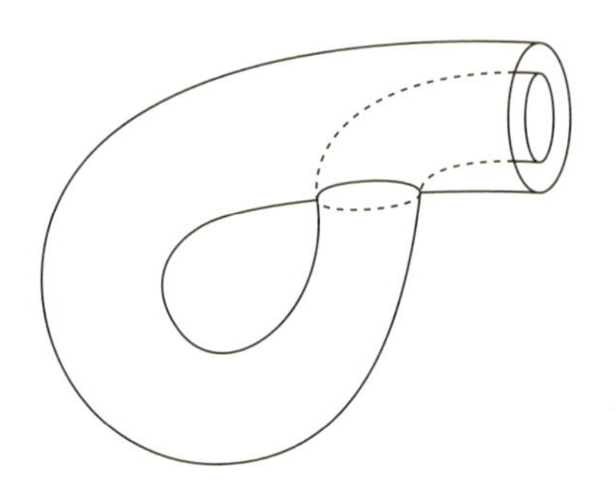

図 7.1　クラインの壺

も，これは図からもあからさまにわかるように，壺の管が自分自身の内部に入るときに自分自身と自己交差をもってしまうからであり，〈本来〉のクラインの壺はそのようなものはなく，完全に滑らかな曲面であるべきであるからだ．

しかし，そのような自己交差をもたない〈本来の〉クラインの壺は，$\mathbb{R}^3$ の中では実現することができない．我々が直観できる感性的な空間の中では表象できないのである．それを表象するためには4次元空間が必要であるが，それは我々の感性的直観によっては可視化できない世界である．つまり，それは感性に表象可能な自然界の存在ではない．したがって，数学者が「クラインの壺」という対象について議論するとき，それは感性的な自然とはまったく異なる対象の存在領野を念頭にしていなければならない．そしてそのような「見えない」存在領野の対象として措定されたクラインの壺は，例えば式による表示や位相幾何学的な手術，展開図などによって不完全に，あるいは局所的・一時的な姿で表象される．こうした表象を数多く積み重ねることで，数学者はクラインの壺についての性質や，その具体的「姿」について，次第に確固とした認識を得る．

あるいは次のような反論があるかもしれない．「クラインの壺」というものは本当はいかなる意味においても存在していない．それは存在物なのではなく，ただの数式であり，単なる性質の束であり，位相幾何学的虚妄の寄せ集めなのだ，という唯名論的な反論である．この反論に対して，筆者は多くの数学者が同意しないものと思う（同意する数学者もいる）．実際，我々が例えば球面やドーナツ面のように感性的表象が整合的で安定している可視的な対象をあつかうときですら，我々はパースペクティブの局所性に縛られている．我々はそれを実際に「いっぺんに」見ることはできず，「見る」ときは必ずある角度からの視角によって見えるものしか，いっときには見えない．それらの「局所的・一時的」なパースペクティブデータを積み重ねて，球面やドーナツ面などの幾何学的対象の詳細・具体的な認識にいたる．このような我々の通常の認識様式を検討すれば，数学者にとって，クラインの壺のような不可視的な対象の認識過程は，ドーナツ面のような可視的な対象を認識する過程に比べて本質的に差異はないことになる．さらに言えば，球面やドーナツ面などの対象について数多くの知見やデータ——中にはホモロジー群の計算や，その上の複素構造のモジュラスなどといった高度なものもあるだろう——を集めた場合，それらは互いに矛盾せず，整合し合っているのを見出すことができるが，それは球面やドーナツ面といった「実在している」対象についてのパースペクティブデータなのであるから当然であると我々は感じるであろう．球面を後ろに回って異なるパースペクティブで見たとたんにドーナツ面になってしまう，といったようなことは起こらないからである．これと同様に，数学者がクラインの壺についてさまざまな知見を得て，それらのパースペクティブデータを検討したときに，そこに矛盾のない見事に整合したデータの数々を見出したとしたらどうだろうか．おそらく，それはクラインの壺のなんらかの意味での「実在性」を確信させるものとして認識されることであろう．数式で解析的に書いたり，位相幾何学的に特徴付けたり，組合せ論的に記述したりと，本質的にまったく異なるいくつものアプローチが互いに調和し合っているのと見出したときに，それらの調和の理由は，これらのデータが「クラインの壺」という自体存在の周辺からさまざまなパースペクティブを切り出したものだからだ，と考えることはまったく自然なことである．

しかるに「集合論的存在領野」は，そのような「実在性」の認識を，ことさらに問いかける必要もない自明なものにしてしまうような，きわめてよくできた整合的な存在領野なのである．実際，数学者は自分たちが考察している対象が，どのような意味で存在しているのか，どのような存在権利に基づいてどのような存在様式をもつものなのか，などといった問いについて頭を悩ますことはない．そのような必要はまったくないのであるし，そのような問題に関わっていては，研究を前に進めることができなくなってしまうからである．集合論によるアプローチによって，高次元空間やスキーム論，関数解析に現れるような恐ろしく抽象的な空間などについて，その存在問題に煩わされる必要なく，研究をどんどん前に進めることができるようになった．その意味でも，19世紀西洋数学における存在論的革命の現代的意義は甚大なのである．

7.1.3　具体的普遍者

以上で，「集合論的存在領野」，すなわち現代的な数学の対象がその中で「新しい物自体」として，可視的で感性的な外界物の存在原理とはまったく異なる存在原理によって存在することができるという叡知的な存在領野というものが，現代数学に対して有する重要性と意義がわかったものと思う．それを踏まえた上で，リーマンによる多様体概念の導入によってもたらされたものを，改めて検討しよう．

リーマンは集合論そのものを始めたわけではない．彼の空間概念における連続的・離散的多様体は，まだ多くの意味合いにおいて現代的な集合とは異なっていることは，すでに6.1.2項で検討した通りである．しかし，リーマンによる多様体概念の導入の動機の一つが，例えば被覆面や高次元空間などの可視的でない空間を感性的直観からは独立に構成することにあった[7]ことからもわかるように，彼が目指したのは，数学の対象による「新しい実在論」，感性的事物の存在原理とは一線を画した新しい存在様式をもつ「新しい物自体」と，いまの我々なら考えることができるであろうところのものだった．

しかるに，こう言ってもよいであろう．リーマンによって〈新しい実在論〉とでも呼べる立場が数学にもたらされた．この〈新しい実在論〉は普遍と具体の新しい関係から生じる．現代数学がそれによって豊饒となっているきわめて高度な抽象化は，すべてこの〈新しい実在論〉における抽象化，具体との連携関係における抽象化となっている．それは物自体としては個物であるが，表象として我々に投げかけられる断片の数々は，それぞれに階層的な普遍であり，その普遍の階層によって構造付けられている．そしてそれらの普遍的パースペクティブの数々を組み合わせて，数学者はその見えない物自体を存在として認知し，その「個物」としての実体性に迫るわけである．このプロセスは，感性的な現象の束

---

[7] 4.1.3項参照．

から「概念の修整」を経て物自体の科学的認識にいたるという，ヘルバルトの方法論[8)]によく似ている．

ところで，近藤洋逸はリーマンの多様体に関連して「具体的普遍者」という見方を導入しているが，これは我々の「新しい物自体」と共通の側面を多く有している．近藤洋逸のとらえ方を検討してみよう．

> 「多種多様な多様体の一員として「空間」をとらえるためには抽象化と具体化の二重の過程が必要である……抽象―具体の二重過程を辿ることによって，わが「空間」が無数の多様体の集団のなかで占める地位，それを他の多様体から区別する特性が明確に把握されたのである……具体化は，抽象化の単なる逆コースによる繰返しではない．抽象化によって広い視野が獲得され，このおかげで抽象化の出発点であった諸々の具体的なものの特性や，これらの相互連関が明確につかまれるからである．またその抽象化が単に内容を空虚化する操作ではなく，リーマンにおいては，豊かな具体化を可能にする抽象化となっていることにも注目しておきたい……抽象―具体の二重過程のおかげで，出発点にあったものよりももっと豊富なものが，しかも明確な秩序を持ったものが出現してくる．このようにリーマンは抽象化と具体化とを動的に統一し，有効な方法として駆使したのであるが，こうした方法は現代の抽象代数学や位相数学でも活用されている．抽象化は，豊かな具体化への道を開くものであってこそ，始めて有効な操作となることもできるのである．彼の理論の中心的概念である連続多様体は，三次元ユークリッド空間に比べれば高度に抽象的であるが，しかしそれは限定によって豊かな特殊を含むことのできる普遍者である……特殊をそのまま含んでいるのであるから，具体的普遍者といってよいかもしれない．」[9)]

ここで言われる「具体的普遍者」の考え方は，多くの意味合いにおいて，カッシーラー的な「普遍」の考え方と呼応するところがある．

---

8) 5.2.2 項参照．

9) 近藤洋逸 [59]，pp.275-278.

「普遍的な場合とは，特殊的規定を単純に度外視するものではなく，特殊的規定の具体的全体をある原理から完全に展開し展望する能力を内に有している」[10]

近藤洋逸が「抽象—具体の二重過程」とか「豊かな具体化を可能にする抽象化」といった言葉で表現するところのものは，言葉としてはよく理解できるし，数学者の感覚と相通じる側面は多いだろうと思われる．しかし，それらの言葉で具体的にはなにを意味していたのかは，必ずしも明瞭ではない．他方，カッシーラーが言わんとすることはかなり具体的であり[11]，その多くは近藤洋逸の主張を理解する上でも重要な示唆を与えると思われる[12]．カッシーラーにとって「普遍化」とは特殊者を変数化することで類（内包的）および系列形式（外延的）にすることを意味している．例えば，クラインの有名なエルランゲン・プログラムでは，個々の図形の幾何学が，空間上の変換群による不変性質の学問という形に定式化されるが，これは変換群という系列形式，およびそれによって変換された図形の全体という普遍的な系列形式を通して，個々の対象の具体的な本質が〈不変性質〉としてあぶり出されるというものであった[13]．エルランゲン・プログラムによる幾何学の視点は，変換群による系列形式という普遍的表象から，それについての不変量というさまざまなパースペクティブデータを連ねることで，具体的な図形という物自体の本質に迫るというその意味で，まさに現代数学的なアプローチに読みかえることができる．普遍化とは「系列化」なのであり，科学的推論とは与えられた普遍という表象について，多くのパースペクティブデータを積み重ねることで具体にいたるということである．つまり，「普遍から具体」なのであり「表象から物自体」へ進むことが現代科学であり現代数学のやり方なのであり，それが可能となるために19世紀は「新しい実在論」を用意しなければならなかったわけである．カッシーラーはポンスレ（Jean-Victor

[10] カッシーラー [15]，p.95.

[11] 以下の議論の詳細についてはカッシーラー [15] 第三章を参照のこと．

[12] ただし，批判的観念論に与するカッシーラー自身は普遍的な数学的連関は感性的〈現実〉と同じ水準ではないとして実在論を批判している．しかし，この批判は，多様体や集合は感性的自然とは存在領野も存在原理も違う実在であるとする我々の立場からすると，むしろ肯定的な論拠を与えるものである．

[13] カッシーラー [loc. cit.]，pp.104ff 参照.

Poncelet, 1788-1867）による射影幾何学のとりあつかいに関連して，次のように言っている．

> 「ポンスレーは，ある形象の射影的取り扱いが考察の出発点にとるのは，決して単なる種の性質ではなく，〈類〉の性質であると強調している……推論は，統合の性質から統合されるものの性質へ，系列原理から系列項へと，向かうのである．」[14)]

そしてこのような「普遍—具体」の二重過程——すなわち，普遍を表象し，そこから物自体という具体へと迫っていくという推論過程——が，上記の引用において近藤洋逸が言わんとしていたものに，きわめて近いものであることは，もはや明らかであろう．結局，近藤洋逸の〈具体的普遍者〉にしても，カッシーラーの〈類〉にしても，それは具体者への特殊化のパラメータを常に内に有している原理者，つまり，特殊者を変数化した〈関数〉のことと定式化することができるであろう．あるいは現代の代数幾何学の言葉を流用すれば，それは具体的個物の〈変形族〉である．量を変数化したものが関数という量概念であるのと同様に，空間概念を変数化（＝系列形式化）して新たな仮説的空間概念として現出したのが，リーマンの多様体のアイデアであった．それは特殊者を変数化することで類（内包的）および系列形式（外延的）にすることであり，それらの変形族なのであり，変換されたもの全体の類なのである．

> 「自然科学の理論的概念は，ただ単に語の意義が純化され理想化されたものでは決してない……それには例外なく，直観の多様を一定の仕方で結びつけ，あらかじめ指定された法則にのっとって巡りゆくことを可能にする精密な〈系列原理〉への指示が含まれている……普遍そのものが〈特殊の連関と秩序づけそのもの〉を可能にし表示するということ以外の機能も意義も持たない……この形式化が発展すればするほど，またこの個別が入り込む関連の範囲が広がれば広がるほど，それだけ個別の固有性もまたいっそう鋭く際立ってくるのである．」[15)]

---

14) カッシーラー [loc. cit.]，p.95.
15) カッシーラー [loc. cit.]，p.255.

つまり，自然科学や現代数学における〈概念〉は，特殊が〈系列の項〉となり，普遍が〈系列の原理〉としてお互いを支え合うことによって，特殊と普遍の両者が緊密に結びつき合っているというわけだ．そして，このことは「抽象化によって広い視野が獲得され，このおかげで抽象化の出発点であった諸々の具体的なものの特性や，これらの相互連関が明確につかまれる」として近藤洋逸が主張する「抽象—具体の二重過程」に非常に近いものであると思われる．

かくして，近藤洋逸の言う「高度に抽象的であるが，しかしそれは限定によって豊かな特殊を含むことのできる普遍者」であるところの「具体的普遍者」として，近藤洋逸はリーマンの多様体をとらえていることの意味がかなり明らかになったものと思われる．それは系列原理による普遍の表象であり，具体とは，その中の一つひとつの系列項であり，物自体であるということになる．そしてこれを現代的な集合論をめぐる存在論・認識論として上に展開したことと合わせて読めば，さらに理解しやすいものになるであろう．すなわち，リーマンの多様体にせよ現代の集合にせよ，(本質的には)「集合論的存在領野」のような叡知的な存在領野における個物なのであり，それらは表象されるときは，類概念という〈内包的〉普遍とともに，系列形式という〈外延化〉された普遍として表象される．それは存在自体としては不可視的なものであるが，表象されたとたんに，その時々のパースペクティブに応じて「集まり」であったり「述語」であったり，さまざまな類概念や系列原理を伴った形式として表象されるのである．そして，数学者はその雑多なパースペクティブデータとして収集した表象の断片をつなぎ合わせ，その物自体の本質という個物・具体に迫ろうとする．このような意味で多様体は「具体的普遍者」なのである．しかるに近藤洋逸の意味する具体的普遍者としての多様体は，まず第一にその存在規定として個物でなければならない．つまり，存在規定という根本的なレベルでは具体的であり個物的な存在者である．そして，その個物性にこそ，その対象の本質がある．しかし，それらは我々の感性的に可視的な存在原理とはまったく異なる存在原理に基づいた存在者であるため，それらについて推論するためには，我々は表象片をパースペクティブデータとして集めなければならない．クラインの壺を理解しようとする場面が，そのよい例である．そうすることで，表象作用によって不整合性，局所性・一時性のうちにとりこぼされた本質的個物性を回復しようとするのである．その意味で,「具体的普遍者」というテーゼは多様体の存在規定の具体的表明と,それとの我々人間との関わりにおいて把捉された対象観なのである.

7.1.4 具体と抽象

以上で,近藤洋逸やカッシーラーの言う,普遍と具体の間の二重過程,あるいは具体の展望能力の意味と,それとの多様体あるいは集合との関係性がはっきりしたと思われる.そこで,この理解を踏まえて,さらに「多様体=集合」が現代数学にもたらしたものについての理解を深めてみたい.

近藤洋逸は「具体的普遍者」という言葉で,リーマンによる新しい対象概念と,それに基づいた思考のあり方を位置付けている.それは,この新しい対象によって数学における多くの非感性的・抽象的対象の存在領野が確定すること,そしてその存在領野における物自体の表象,およびその外延的表象である系列形式の検討によって,普遍と具体の間を展望的に行き来できるというものであった.それは高度に抽象的でありながら,豊かな具体をその中に系列秩序によって含んでいるという意味で具体的であり普遍的でもあるのであった.そしてそれは自然物などの感性的な存在物とはまったく存在原理が異なっていることも,今までの我々の検討から明らかになったことと思う.

しかし,その反面,数学における抽象的対象,は決して〈具体と抽象〉が気安く行き来できるものにはなっていない——多くの研究者にとっては身につまされていることだと思われるが——ことも指摘しておかなければならない.そして筆者には,数学対象とはなにかについて考える上で,この点はきわめて重要なことであるように思われるし,またこれは今までの論者があまり強調していない点であったようにも思われる.

例としてもっともふさわしいものを選ぶために,そもそもリーマンがその空間概念構築の出発点としたリーマン面を考えよう.任意のコンパクトなリーマン面は,その上の有理型関数の積分のすべてを一価化できる普遍被覆をもっており,したがって,そのような普遍的なパラメーターをもっている.この普遍被覆を〈具体的に〉記述することは,したがって,代数関数論の究極の問題なのであり,これができないかぎりは,代数関数論は完成したとは言えないであろう.ところが,この普遍被覆(universal covering)は,その存在こそすでに証明されている（ポアンカレ-ケーベの定理）が，その具体的な記述は，少なくとも現在の状況ではとても不可能である．そしてその証明はまさに位相幾何学的な抽象的なものであった．それは普遍被覆という「物自体」の存在を確証する，きわめて有効なパースペクティブデータであったことは論を俟たない．しかし，それはまだ各々の個物の特定に迫るほど，具体性の豊かなパースペクティブではない．

問題は次のように言い換えてもよい．問題の本質的な場合は種数が2以上の場合である．種数が2以上のコンパクトなリーマン面 X について，その普遍被覆は上半平面 $\mathbb{H}$ であり，したがって，次のような正則写像を得る．

$$\pi\colon \mathbb{H} \longrightarrow X.$$

この写像は分岐のないガロア被覆であり，そのガロア群は X の基本群である．しかるに，X の基本群 $\pi_1(X)$ は $\mathbb{H}$ の正則変換群 $\mathrm{PSL}(2,\mathbb{R})$ に表現をもち，その像 Γ はねじれのないフックス群で，$X \cong \mathbb{H}/\Gamma$ となる．ここまではポアンカレ・ケーベによる一般論が教えてくれることであり，現在では大学で数学の専門過程を履修する多くの学生が，学部を卒業する前に学ぶ内容である．

しかし，問題はここからだ．ここまででは当初の問題の答えにはまったくなっていない．当初の問題は，与えられたリーマン面上の代数関数の積分をすべて一価化するような，普遍的なパラメーターを求めることであった．それは上の π という写像を具体的に求めることである．あるいは，その逆写像として決まる多価関数を求めることだとしてもよい．あるいは，上に述べたフックス群 Γ を具体的に求めることだとしてもよい．いずれにしても，（例えば式で）与えられた具体的なコンパクトリーマン面 X に対して，これらの情報を求めよ，というのは，代数関数論の究極の問題であり，最終定理であり，もっとも深い問題である．しかし，実際のところ，この問題はきわめて少数の例外ケースを除いて，その解決は（少なくとも現時点では）まったく望みがない[16)]．

[16)] 1986年のフィールズ賞受賞者であるファルティングス（Gerd Faltings）も1983年の論文で，この問題について深い考察を行なっている．その論文の冒頭で彼は，上述のような一般論を記述したあとに，次のように述べている（Faltings [23], p.224）："Unfortunately this beautiful result does not tell us how to construct this covering of X', if for example, X is given as a complex submanifold of some projective space. Thus, it should be interesting to look for a more concrete construction, especially since some open problems in algebraic geometry and number-theory can be seen as problems in uniformization-theory. For example,

問題自体はさらに具体的述べられる．そして具体化すればするほど，この問題の深さが浮き彫りになる．上の正則写像πの逆写像として定義される多価関数のシュワルツ微分を考えると，これはX上の正則2次微分となる．これをωと書いた場合，πは

$$S(\varphi) = \omega$$

（Sはシュワルツ微分）という微分方程式の解の逆関数となる．さらに，線形微分方程式の一般論により，この微分方程式はX上の2階のフックス型（確定特異点型）微分方程式を誘導し，φはその二つの線型独立な解の比として書き表される．しかるに，問題はX上のこの微分方程式を解くことに帰着される．

しかし，例外的な場合を除いて，この微分方程式を具体的に書き下すことは不可能である．例外的な場合というのは，例えばXが大きな自己同型群をもっていて，それによる商がリーマン球面上の3点でのみ分岐する分岐被覆を与える場合であり，この場合は当該の微分方程式はガウスの超幾何微分方程式によって具体的に書くことができる．しかし，与えられた2以上の種数において，このように大きな自己同型をもつようなリーマン面の同型類は有限個しかない[17)]．これ以外の一般の場合は——これまた非常に恵まれた例外[18)]を除いて——一般的に議論することはほとんど無理である．例えば，上のような状況でリーマン球面上の3点でのみ分岐というところを，4点で分岐という，おそらく超幾何微分方程式になる場合の次に簡単な場合を考えてみても，問題はとたんに困難なものになる．4点で確定特異点をもつフックス型微分方程式はアクセサリー・パラメーターをもち，その特定は原理的には可能であるが，その計算は実際上不可能になっている．ましてや一般の場合など，その具体的表示の特定はほとんどまったく絶望的であると言わざるを得ない[19)]．

Weil-conjecture about elliptic curves over $\mathbb{Q}$ asks for uniformzations with $\overline{\Gamma}$ contained in $\mathrm{PSL}(2,\mathbb{Z})$."

[17)] 種数$g \geq 2$のコンパクトリーマン面のモジュライの次元は$3g-3$である．特に，同型類全体は無限個である．

[18)] 例えば，志村曲線のように数論的に豊かな構造をもっていて，自己同型による議論をヘッケ対応によるもので代替できる場合など．筆者の知るかぎり，このような例も有限個しか知られていない．

[19)] 要するに，2次微分ωを求めること，あるいは対応する射影構造（projective structure）を一般的に書き下すことが絶望的なのである．代数幾何学がよくやるように，個々のXを考えるのではな

以上のような「リーマン面の一意化の実現問題」は，一般論と具体論との乖離を如実に示す，格好な題材として選んだ例であるが，実際問題として，現代数学の各所において，このような「一般—具体」のきわめて困難な乖離現象は，いくらでも見出すことができる．このような問題が解けないのは，現在の数学技術がそこまで達していないという理由からかもしれない．しかし，筆者には，それが現在の数学の対象のあり方——多様体や集合など，それこそ具体的普遍者というあり方——での数学というパラダイムに本質的に内包された困難でもあるように思われる．すなわち，上に述べた「リーマン面の一意化の実現問題」や，あるいはこれとも関連するが「リーマン-ヒルベルト対応」の具体化の問題などは，その〈具体的〉な相において，普遍系列の系列項が展望できないことによっている．それはいずれはできる——19 世紀初頭の古典的数学の閉塞状況が，その後の革命的地殻変動によって克服されたように——ことなのかもしれないが，近藤洋逸やカッシーラーが言うような具体と抽象の幸福な共鳴関係とはまったく異なる種類の現象であるようにも思われるのである．少なくとも，(筆者を含めて) 現在の数学者は次のように言うであろう．つまり，この問題は確かに究極の問題であり深い問題であるが，しかし，研究できる（現状の数学のパラダイムで結果が出せる）数学の問題としては合理的なものではない．現代数学は具体と抽象の関係をうまくバランスをとりながら，壮大な一般論とその応用としての個別理論の体系として成功してきた．そのバランス感覚に照らして，この問題はあまりにも「具体」によりすぎており，リーズナブルなものではない．

「具体的普遍者」というテーゼは，数学の研究者の視点から見れば，いささか楽観的に具体と抽象の関係をとらえているように見える．具体と抽象の間を自由に行き来できるというのは，あくまでも理想的な，あるいは権利上の話なのであって，現実にはそう簡単な問題ではない．しかし，本来的には，この具体と抽象のバランスを時々刻々変化させ，抽象から具体への展望を権利上ものものから少しずつ実際のものへとしていくこと，すなわち，抽象から具体へのチャンネルを一つひとつ発見して整備していくことこそが，数学の研究なのだとも言えるので

く，X の変形族を考えるという方法によっても困難さはあまり変わらない．X が複素解析的に変形した場合，対応する射影構造の変形は複素解析的にはならず実解析的にしかならない．例えば，Kra [60] を参照．

ある．具体的普遍者としての「対象＝多様体」は，当初は抽象の方に大きく傾いた対象であり，それが次第に具体の方へと進んでいくという形で，一種の時間性の中で変容していくべき対象なのだ．そして，その変容を実現させることが数学者の仕事なのであり，それが場合によっては不可能であったり絶望的であったりするのは，現在の数学のパラダイムの限界なのである．

「対象＝多様体」が当初は抽象に大きく傾斜しているというのは，すなわち，我々がそれを個物（物自体）としてほとんど認識できない当初から，すなわちその存在が不明瞭である状態から，その存在性を予想し，存在論的にも認識論的にも不分明な中に一時的な対象として投機されたものであるということを意味している．その意味で，「対象＝多様体」の表象は，時間の最初においては完全な外延ではなく，〈非網羅的な内包〉である[20]．それは内包的な類概念として最初は表象される．そしてそれが規定する特殊者がなにで，その本質がどのようなものなのかは当初はよくわからない．したがって，それはまだ完全に外延化されていないのであり，外延として表象されているとしても，その系列項はまだ網羅的ではない．すなわち，最初は「非網羅的な内包」なのであり，そこから〈網羅的な外延〉にいたるまでの時間性の中で，リーマン的な数学対象である「対象＝多様体」は考えられなければならない．そして，上でも述べたように，そのプロセスは往々にして極めて困難であったり，ときとして原理的に不可能であったりするであろう．おそらく，ここに「具体的普遍者＝多様体」の本質と限界があるであろう．

7.2 結　　論

7.2.1 時間の中の多様体

以上の議論から明らかとなったように，リーマンによる多様体の概念は，数学研究の現場における具体と抽象の間の「権利上の展望可能性」と「実際上の乖離」という二律背反をもたらし，後者から前者への時間性という意味付けを，現代数学の研究という行いに与えた．そして現実に，この時間性は現代数学におけ

[20] 近藤和敬 [58]，p.98.

る数々の成功という形で，豊かな内容を数学研究にもたらしてきたのである．これこそが，多様体論，集合論を通じて現代数学にもたらされた有効な方法論であり，対象の普遍的側面と具体的側面を，対象そのままの大域性と定性性を保ちながら両立的に理解していこうとする現代数学特有のスタンスの実現形である．

具体的普遍者としての多様体は，非網羅的内包から網羅的外延への弁証法的時間性が展開される場としての対象である．それは集合論的存在領野における存在原理にしたがって設計され，その領野における建築原理にしたがって建築される．しかし，それが設計され建築される当初は，往々にしてまだその外延的具体相が不分明であり，まだ我々にとって網羅的にその系列項が展望できる状態ではない．それは一つの命題的真理の世界内で措定される物自体であるが，その全容を精確かつ具体的に外延表象化することは，少なくとも定義された当初は不可能であることが多い．そういう状態から，その不可視的な対象にまつわる現象を観察し，数多くのパースペクティブデータの獲得を通してその本質的具体相の理解が進み，またそれによって当初の定義・設計図を改良し，こうして普遍と具体の間の時間相を行きつ戻りつ，弁証法的にその普遍と具体の両立的理解を目指す．その意味で，具体的普遍者としての多様体は，その当初的具体相が不分明なままに措定される〈投機的〉存在という存在様態から出発し，時間性の中でのその意味内容を再帰的に変容させる存在である．ここにおいて，多様体が「新しい物自体」であるということの動的意味が明らかとなる．現代数学の集合論的対象における普遍・具体の両義性，投機的定義，そしてその意味内容の生成性など，現代的数学対象やその方法論に際立っている高い柔軟性は，すべてここから発しているのであり，これによって現代数学はそのきわめて高い抽象性の中でも安定した理論形成と整合的な対象の構成世界を確保できているのだ．

このような普遍と具体の相互浸透における知の活動が行われている場は，さしずめイデア的な叡知的世界に位置付けられるであろう．素朴に考えれば，それは感性的・外界的自然の世界からも，また我々一人ひとりの主観的な純粋持続の世界からも独立した概念世界なのであり，対象としての「多様体＝集合」はその中の物自体であり，我々がそれをさまざまに現象させ，表象としてのパースペクティブデータを集めるのも，その世界の中での行いだということになる．それはラカトシュによる「第三世界」に近いものとして位置付けられるだろう．

「科学の――合理的に再構成された――発展は本質的にイデアの世界，プラトンやポパーの「第三世界」すなわち認識主体から独立した統一された知識の世界で起きる」[21)]

ラカトシュによれば「第一世界」とは物質的世界，「第二世界」とは意識内の世界であり，これらとは独立の「第三世界」とは命題，真理，規準の世界である．すなわち，客観的知識の世界として「第三世界」が考えられている[22)]．外官による認識の場でもなく，かといって内官的世界とも言えない知の「第三世界」においてこそ，数学的な具体的普遍者としての「多様体＝集合」を柔軟に投機し，その設計・施工・建築のプロセスを再帰化し，「内包 vs 外延」や「普遍 vs 具体」といった二律背反を柔軟な相互浸透の両義性に昇華できるのである[23)]．

以上の考察からわかるように，我々が「集合論的存在領野」とこれまで呼んできた，多様体や集合が物自体として存在する世界は，ここで言われる「第三世界」に属するものであると解釈するのが自然である．さらに，第三世界においては数学者は命題や数学的な真理を追い求めたり，それを発見したりすることができる．その意味で第三世界とは数学者がその中で現象を検討・観察し，新しい理論を発見することのできる現象世界でもあるわけだ．すなわち，それは知的判断以前の物自体からなる第一世界や，主観的な第二世界とも違い，物自体の世界

---

21) ラカトシュ [64]，p.138.

22) 近藤和敬 [58]，pp.93-94：「「第一世界」である物理的世界とは……物質のあいだの因果連関の世界としてではなく，それを含んだ自然の世界……ただ生起するこの自然という相であり，自然がそもそも物質に還元されるのかどうかという判断以前のものである……「第二世界」である精神世界は……ある種の実存性，内世界性……言いかえれば，意味と目的と価値の世界であり，アルチュールの意味での「イデオロギー」としての主観的領域……謂わば，自己意識の世界であり，その点で，他者にたいする還元不可能性を有する．「第三世界」……は概念からなる世界であり，不可避的に「イデオロギー」的である人間の意識は，その世界のなかに自己を融解させることによってのみ，真理がおのずから顕わになると考えるのである．」

23) 近藤和敬 [loc. cit,]，p.98：「知の「第三世界」は，非網羅的な内包的定義による概念の性質上，独特の経験の構造をなす……そこにおいて経験される概念は，ある種の再帰性をもつようになる……そこにおける概念は，それの外延の全体をあらかじめ確定する必要がないので，それが措定されたさいには予想されなかったものをその外延の要素に含むようになる場合があり，そうすることでその概念の内容が豊かになるということが起こりうるからである．また，そのようなさいに，異なる概念と結びつくことで，もとの意味内容が変化し，あらたな領域を開拓するということも起こりうる．その意味で，あらたな概念を措定することは，その概念の措定を要求したそれまでの過去にたいして再帰的に働きかけ，それを変化させるということでもある．そして，まさに，時間と空間の形式の「発見」においては，このような再帰的な働きかけによる起源の捏造がおこなわれたとみることもできるのではないか．この「第三世界」においては過去につねに変容し続け，起源は繰り返し創造し直される．」

としての相と，それらが現象する表象世界としての相の両方を内包しており，第一および第二世界よりも広大で深遠な世界である．それは「集合論的存在領野」という物自体の存在世界と，その世界への数学者の〈まなざし〉の領野なのであり，その世界で数学者が限定的なパースペクティブの中で日々作業しながら，抽象から具体への展望を少しずつ開いていく世界である．それは物自体の世界と表象の世界の両方を包含する壮大な世界なのであり，多様体・集合と，それへの数学者のさまざまなまなざしによって獲得されるパースペクティブデータが，時間性の中で葛藤し弁証法的に発展する世界なのだ．

リーマンの多様体という新しい対象概念は，それまでの数学の対象の存在規定を根本から変革した，というのが前章までの我々の考察の結論であった．しかし，リーマンがもたらした変革の深みは，それだけでは測れないのである．すなわち，多様体という「新しい物自体」がもたらした「新しい実在論」，すなわち「集合論的存在領野」における存在論によって，それとの我々との関わり，すなわちその新しい存在領野からの表象作用のあり方がクローズアップされることになる．そしてリーマン的な「対象＝多様体＝集合」という新しい対象のあり方は，上に述べたような「時間性の中での多様体」という，すなわち「非網羅的な内包」から「網羅的な外延」へという，新しい対象との関わりをも数学にもたらした．しかも，これは5.2.2項で考察したヘルバルトの「概念の修整」というテーゼとも，見事に重なり合う．その普遍と具体の間のバランスが「第三世界」における時間性の相において変容するという姿こそが，リーマンによる多様体概念の本質のなのであり，それによってもたらされたのが現代数学のパラダイムなのである．そしてそれこそ，19世紀以来の現代数学がその内にもっている特徴，すなわち，高度に，ときとして恐ろしく抽象的でありながら具体的相との紐帯を常に保ち続け，安定した理論形成の場と対象の存在基盤をもち，しかも驚くほど自己生成性・自己成長性に満ちているという現代数学の姿の根拠なのだ．このような波及効果のある対象をもたらしたからこそ，リーマンの現代数学への影響は甚大なのであり，このような見方によってこそ，リーマンの果たした事績を深化させることができるのである．

7.2.2 建築学的数学と経験論

以上見てきたように，リーマンによって導入された二種類の多様体，すなわち離散的多様体と連続的多様体は，数学の世界ではそれぞれに発展し，現代数学における基本的な対象に成長した．連続的多様体は当初より，計量規定をもつ場合ももたない場合も含めて現代数学における空間概念の基本を形成した．イタリアでリーマンの薫陶を受けたベルトラミが，リーマン的な空間の考え方の初期の表明として，非ユークリッド幾何学の（部分的）モデルを早々と構築したのが 1868 年のことである．これ以来，ワイル（Hermann Klaus Hugo Weyl, 1885-1955）によるリーマン関数論のほぼ完全な復刻的解説[24)]やホイットニー（Hassler Whitney, 1907-1989）による現代的な可微分多様体の定義（1936 年）にいたるまで，基本的にはリーマン的な当初の考え方がそのままの形で継承された．他方の離散的多様体の方は，前述の通り，19 世紀後半を通じて多くの人々から忘れられていたとはいえ，デデキントやカントールによって近現代的な集合論にまとめあげられる端緒となった．

以上は数学における「多様体」の概念史の一端であるが，リーマンによる多様体の影響は数学におけるもののみならず，広く思想界においても大きかった．これはリーマンによる多様体が「多様なる・多なる」という述語を，一つの実在的個物として再定立させたことによるものが多い．「多様なるもの＝多様体」という概念は，それ自体として存立する自体的概念として受容されることで，形而上学や心理学を含めたさまざまな学問に刺激を与えた．例えば，多様体における離散的・連続的の区別に呼応して，マイノング（Alexius Meinong, 1853-1920）とラッセルは「外延的・量的・可分性の多様体」と「強度＝内包的なものに近い，距離の多様体」の区別へと引継ぎ，ベルグソン（Henri-Louis Bergson, 1859-1941）においては「数値・延長的多様体」と「質的・持続的多様体」という，ベルグソニズムにおける根本的区別へと変奏されている[25)]．ドゥルーズ（Gilles Deleuze, 1925-1995）はリーマン的多様体を「樹木状多様体」と「リゾーム状多様体」という形で受容した現代の哲学者であるが，その多様体論における概念形成の意義についての考えは，上述したカッシーラー的な普遍の系列化の考え方と

---

24) ワイル [93].

25) 森村 [68]，p.125.

呼応しているように思われる[26]．

ここにおいて，抽象概念形成における「素朴抽象主義的」見方——すなわち，赤色という概念は赤い特殊者を集めてその共通性質として獲得されるという素朴な見方——ではなく，カッシーラー的な変数化・変形族構成による新たな実在的意味を獲得した普遍と近藤洋逸の言う「具体的普遍者」のテーゼが一つの極限に収斂しているのが見てとれる．そして，この変形族による「系列化＝普遍化」としての多様体は，その具体への〈まなざし〉という時間性の中でとらえられるべきものであることは前項に述べた通りである．ここにおいて，普遍としてのリーマン的多様体の〈投機的導入〉から始まって，そこからその一つひとつの具体的相，一つひとつの系列項への眺望とアクセスを手に入れるという，すなわち〈網羅的外延化〉による二重のプロセスが現出することになる．この二重プロセスを有効に遂行するために，「多様体＝集合」という現代的数学対象を基本資材として，それぞれの目的に合った対象を投機的に建築し，その具体相についての知見を多くのパースペクティブデータのための経験的観察によって得るというのが現代数学における研究のスタイルとなった[27]．その意味で現代数学は優れて〈経験論的・建築学的〉になったのである．

ここで言う「建築学」としての数学とは，もちろん，2.2.3 項終わりに述べたような現代数学のやり方，すなわち，人間の感性的表象とも物質的外界物とも独立に，また（例えば哲学や自然学などの）数学外の事実や知見などからも独立に，そのときそのときに必要かつ本質的と思われる対象を数学が自前でその最初の土台から組み立ててつくるというやり方を指しており，これが 19 世紀西洋数学における存在論的革命の着地点なのであった．また，これと同時に指摘されるべき「経験論」は，これまでも各所で述べられた，リーマン的な多様体数学にお

[26] 三宅 [67]，p.173：「例えば赤色という概念にたどり着くために，赤い事物を集めて抽象を行うのではなく，様々な色をひとつに集約することで事物を離れずに具体的な普遍に至り，そこから特殊な物を理解する方法——白い光から赤い光を取り出すためにはレンズではなくプリズムを使えばよい——は，まさしくリーマンが一般的な量としての多様体を導き出すときの方法と本質的に同型であることが理解されるだろう.」

[27] 三宅 [loc. cit.]，p.174：「この具体化と抽象化の二重プロセスによって，具体的普遍に到達するという手法は，ベルグソンの「真の経験論」，そしてリーマンがヘルバルトから受け継いだ「高い意味での経験論」と関連する……というのも，カントでは経験の制約として現れ，それ自身は経験できないものとされていた時間と空間が，これらの論者のなかではまさに経験のなかで捉えられると考えられているからである.」

けるア・ポステリオリズム——例えば，多様体の計量規定はア・プリオリに与えられるものではなく，経験・実証などの科学的プロセスの中で選択されるべきものであるという見方——と呼応するものであるが，もちろんこれだけではない．いま我々が考察している「時間性」の中での多様体論という文脈でこそ，この経験論は考え抜かれなければならないだろう．すなわち，例えば計量規定の選択などという「投機的」抽象化，すなわち「内包的・非網羅的」普遍としての多様体の投機的建設という場面においてのみならず，そこから具体的相への眺望の開拓という，いわゆる抽象から具体への方のプロセスにこそ，その経験論は見出されるべきである．ここにおいてこそベルグソン的な「真の経験論」としての数学の姿が見出されるはずなのである．

おそらくリーマンによる多様体論の思想の真骨頂を要約するとしたら，以上のような「具体的普遍」と「高次の経験論」を包括する形での〈新しい実在論＝数学の建築学化〉であると言えるだろう．その意味でも，結局，リーマンによって数学にもたらされたものとは〈新しい実在論〉に尽きるのである．これによって，数学は普遍的相と具体的相の間の

- 非網羅的・内包的・仮説的投機的建設
- 網羅的・外延的・戦略的分析

という二重過程を確立させた．これらはそれぞれ他方を侵食し，書き換え，必要に応じて変形し，捏造する．すなわち，当初建設された内包的多様体は，その具体への戦略的研究の道程で，必要に応じてその定義を改変・改良され，常に新しいものとして再出発する．その過程において古いものは意図的に忘却され，過去は捏造される．もちろん，逆方向の侵食もあり，投機的な建設物としての対象が，その分析的研究のアプローチそのものに作用して影響することもある．このような形で数学は普遍と具体のとの間の互恵的侵食関係を維持し，単に感性的な範疇において「見る」ことを超えた，高次元空間やクラインの壺やリーマンの被覆面のような見えないものを〈見る〉という「高次の経験論」を持続的に運用する世界を手に入れたわけだ．

影響は数学だけにおよんだのではなかった．この強い意味での叡知的実在論は，数学においてはその後のデデキントによる実数の構成や，カントールによる

超限数・集合論の構築を可能とし，ほとんどの数学者はその存在論・認識論に完全に無関心であっても問題なく安心して住める数学世界を現出させたのであった．他方，哲学はこの「新しい物自体」や「集合論的存在領野」という新しい世界の現出を目の当たりにして，ベルグソンによる「純粋持続」やメルロ=ポンティによる「生きられた空間」などのように，これら叡知的存在領野と人間との間に生じた新しい相互依存と確執という新しい問題系を手に入れたように思われる[28)].

最後に，リーマンによってもたらされた「新しい実在論」は伝統的な〈経験論〉と〈観念論〉の対立を解決するであろうか？

> 「問題は，〈経験論〉によって，現実の表象において個別に示されうるもののみを現存するものとするのか，それとも〈観念論〉によって，それ自身が直接に表象されることはないけれども一定の表象系列の思惟上での完結（Abschluss）をなしている形象の実在を主張するのか……数学者は，この二つの基本的見解のいずれか一方に勝利を宣するという立場にはない」[29)]

しかし，少なくとも数学の世界においては次のことが起こったのである．すなわち，数学においては，その対象はもっぱら観念的なものに尽きると思われてきたが，〈新しい実在論〉はこれをむしろ経験論に歩み寄らせた．しかも，そこで引き起こされるべき両者の対立は，それがリーマンによって構想されたと同時に無効化されたのだ．

[28)]例えば，ベルグソン [6]，第二章．

[29)]カッシーラー [15]，p.142.

参 考 文 献

[1] アウグスティヌス『告白』(下), 服部英次郎 訳, 岩波文庫, 岩波書店, 1976.

[2] アミーア・アレクサンダー『無限小：世界を変えた数学の危険思想』足立恒雄 訳, 岩波書店, 2015.

[3] バシュラール『科学的精神の形成―対象認識の精神分析のために』及川馥 訳, 平凡社ライブラリー, 平凡社, 2012.

[4] Banks, E.C.: *Ernst Mach's World Elements. A study in Natural Philosophy.* Springer Science+Business Media Dordrecht, 2003.

[5] ベル『数学をつくった人びと』(上下) 田中勇・銀林浩 訳, 東京図書, 1976.

[6] ベルクソン『時間と自由』中村文郎訳, 岩波文庫, 2001.

[7] Bos, H.J.M.: Differentials, higher-order differentials and the derivative in the Leibnizian calculus. *Arch. History Exact Sci.* **14** (1974), 1-90.

[8] ボタチーニ『解析学の歴史―オイラーからワイアストラスへ』好田順治 訳, 現代数学社, 1990.

[9] Bourbaki, N.: *Elements of the History of Mathematics.* Translated from French by J. Meldrum, Second Printing, Springer, 1999.

[10] Boyer, Carl B.: *The History of the Calculus and Its Conceptual Development.* Dover Publications, 1959.

[11] Boyer, Carl B.: *A history of mathematics.* John Wiley & Sons, Inc., New York, London, Sydney, 1968. [邦訳：『数学の歴史〈1〜5〉』加賀美鐵雄・浦野由有 訳, 朝倉書店 (新装版) 2009.]

[12] Brill, A.; Noether, M.: Bericht über die Entwicklung der Theorie der algebraischen Functionen in älterer und neuerer Zeit. *Jahresbericht der Deutschen Mathematiker Vereinigung* (1894), III, 107-566.

[13] カジョリ『初等数学史 (上) 古代・中世篇』ちくま学芸文庫, 筑摩書房, 2015.

[14] カジョリ『初等数学史 (下) 近世篇』ちくま学芸文庫, 筑摩書房, 2015.

[15] カッシーラー『実体概念と関数概念―認識批判の基本的諸問題の研究』山本義隆 訳, みすず書房, 1979.

[16] Dedekind, R.: *Was sind und was sollen die Zahlen?* Vieweg, 1983. [邦訳：『数とは何かそして何であるべきか』ちくま学芸文庫, 筑摩書房, 2013]

[17] Dedekind, R.: Bernhard Riemann's Lebenslauf, in [75], 539-558. [邦訳：「ベ

ルンハルト・リーマンの生涯」赤堀庸子 訳，[76]，347-362 所収.]
[18] De Risi, V.: *Geometry and monadology. Leibniz's Analysis situs and philosophy of space.* Science Networks. Historical Studies **33**. Birkhäuser Verlag, Basel, 2007.
[19] デカルト『精神指導の規則』岩波文庫，1974.
[20] デュドネ編『数学史：1700-1900』（I, II, III）上野健爾・金子晃・浪川幸彦・森田康夫・山下純一 訳，岩波書店，1985.
[21] レオンハルト・オイラー『オイラーの無限解析』高瀬正仁 訳，海鳴社，2001.
[22] レオンハルト・オイラー『オイラーの解析幾何』高瀬正仁 訳，海鳴社，2005.
[23] Faltings, G.: Real projective structures on Riemann surfaces. *Compositio Math.* **48** (1983), no. 2, 223-269.
[24] Ferreirós, J.: *Labyrinth of thought. A history of set theory and its role in modern mathematics.* Second edition. Birkhäuser Verlag, Basel, 2007.
[25] Ferreirós, J.: Riemann's Habilitationsvortrag at the Crossroads of Mathematics, Physics, and Philosophy, in [26], 67-96.
[26] Ferreirós, J. & Gray, J.J. eds.: *The Architecture of Modern Mathematics. Essays in History and Philosophy.* Oxford University Press, 2006.
[27] Galileo, G.: *Il Saggiatore.* 1623.
[28] ガードナー『新版 自然界における左と右』坪井忠二・小島弘・藤井昭彦 訳，紀伊國屋書店，1992.
[29] Gauss, C.F.: *Werke.* Zweiter band, Königlichen Gesellschaft der Wissenschaften zu Göttingen, 1863.
[30] Gauss, C.F.: *Werke.* Dritter band, Königlichen Gesellschaft der Wissenschaften zu Göttingen, 1866.
[31] Gillies, D. eds.: *Revolutions in Mathematics.* Clarendon Press, Oxford, 1992.
[32] Grant, E.: *God and Reason in the Middle Ages.* Cambridge University Press, 2001.
[33] グラント『中世における科学の基礎づけ：その宗教的，制度的，知的背景』小林剛 訳，知泉書館，2007.
[34] Gray, J.J.: *Linear differential equations and group theory from Riemann to Poincaré*, Second Edition, Birkhäuser, Boston, Basel, Berlin, 1986.
[35] Gray, J.J.: The nineteenth-century revolution in mathematical ontology, in [31], 226-248.
[36] Gray, J.J.: *The Real and the Complex: A History of Analysis in the 19th Century.* Springer Undergraduate Mathematics Series, Springer, 2015.
[37] Giusti, E.『数はどこから来たのか：数学の対象の本性に関する仮説』斎藤憲 訳，共立出版，1999.
[38] Hannam, J.: *God's Philosophers.* Icon Books, 2010.

[39] Haskins, C.H.: *The Renaissance of the Twelfth Century.* revised edition, Harvard University Press, 1971.

[40] 林知宏『ライプニッツ：普遍数学の夢』コレクション数学史 2，東京大学出版会，2003.

[41] ヒッティ『シリア：東西文明の十字路』小玉新次郎 訳，中公文庫，1991.

[42] 伊東俊太郎『中世の数学（数学の歴史—現代数学はどのようにつくられたか 2)』共立出版，1987.

[43] 伊東俊太郎『十二世紀ルネサンス』講談社学術文庫，講談社，2006.

[44] 伊東俊太郎『近代科学の源流』中公文庫，中央公論新社，2007.

[45] 伊東俊太郎『伊東俊太郎著作集 第 9 巻 比較文明史』麗澤大学出版会，2009.

[46] 加藤文元『数学する精神：正しさの創造，美しさの発見』中公新書，中央公論新社，2007.

[47] 加藤文元『物語 数学の歴史：正しさへの挑戦』中公新書，中央公論新社，2009.

[48] 加藤文元『ガロア：天才数学者の生涯』中公新書，中央公論新社，2010.

[49] 加藤文元『数学の想像力：正しさの深層に何があるのか』筑摩選書，筑摩書房，2013.

[50] カント『純粋理性批判』篠田英夫 訳，上・中（1961）下（1962)，岩波文庫，岩波書店.

[51] カント『プロレゴメナ』篠田英夫 訳（1977)，岩波文庫，岩波書店.

[52] 鹿野健『リーマン予想』，日本評論社，1991.

[53] Katz, Victor J.: *A history of mathematics. An introduction.* HarperCollins College Publishers, New York, 1993.［邦訳：『カッツ 数学の歴史』上野健爾・三浦伸夫 監訳，共立出版，2005.］

[54] クライン『19 世紀の数学』彌永昌吉 監修，足立恒雄・浪川幸彦 監訳，石井省吾・渡辺弘 訳，共立出版，1995.

[55] Klein, F.: *On Riemann's Theory of Algebraic Functions and Their Integrals: A Supplement to the Usual Treatises.* Translated from the German, with the author's permission by Frances Hardcastle, Cambridge: MacMillan and Bowes, 1893.

[56] Kolmogorov, A.N. & Yushkevich, A.P. eds.: *Mathematics of the 19th century. Mathematical logic. Algebra. Number theory. Probability theory.* Second revised edition. Translated from the 1978 Russian original by A. Shenitzer, H. Grant and O.B. Sheinin. Translation edited by Shenitzer. Birkhäuser Verlag, Basel, 2001.

[57] Kolmogorov, A.N. & Yushkevich, A.P. eds.: *Mathematics of the 19th century. Geometry, analytic function theory.* With a bibliography by F.A. Medvedev. Translated from the 1981 Russian original by Roger Cooke.

Birkhäuser Verlag, Basel, 1996.

[58] 近藤和敬『数学的経験の哲学：エピステモロジーの冒険』青土社，2013.

[59] 近藤洋逸『新幾何学思想史』ちくま学芸文庫，筑摩書房，2008.

[60] Kra, I. Accessory parameters for punctured spheres. *Trans. Amer. Math. Soc.* **313** (1989), no. 2, 589-617.

[61] クーン『科学革命の構造』中山茂 訳，みすず書房，1971.

[62] 九鬼周造『西洋近世哲学史稿』九鬼周造全集第七巻，岩波書店，1981.

[63] 黒川信重『リーマンと数論（リーマンの生きる数学 1)』共立出版，2016.

[64] ラカトシュ『方法の擁護—科学的研究プログラムの方法論』村上陽一郎・小林傳司・井山弘幸・横山輝雄 訳，新曜社，1986.

[65] Laugwitz, D. *Bernhard Riemann 1826-1866: Wendepunkte in der Auffassung der Mathematik.* Birkhäuser Verlag, Basel, Boston, Berlin, 1996.［邦訳：『リーマン：人と業績』山本敦之 訳，丸善出版，2012.］

[66] ル・ゴフ『中世西欧文明』桐村泰次 訳，論創社，2007.

[67] 三宅岳史「リーマンと心理学，そして哲学」，『現代思想』2016 年 3 月臨時増刊号「総特集：リーマン」161-175，青土社，2016.

[68] 森村修『G・ドゥルーズの「多様体の哲学」(1) —「多様体の哲学」の異端的系譜 (3)』Hosei University Repository, `http://repo.lib.hosei.ac.jp/bitstream/10114/6331/1/ibunka12_morimura.pdf`

[69] Neuenschwander, E.: Riemann und das “Weierstraßsche” Prinzip der analytischen Fortsetzung durch Ptenzreihen. *Jber. d. Dt. Math.-Verein.* **82** (1980), 1-11.

[70] Neuenschwander, E.: Studies in the history of complex function theory. II. Interactions among the French school, Riemann, and Weierstrass. *Bull. Amer. Math. Soc. (N.S.)* **5** (1981), no. 2, 87-105.

[71] Neugebauer, O.: *The exact sciences in antiquity.* Second edition, Dover Publications, Inc., New York, 1969.

[72] 信木晴雄『フッサール現象学における多様体論』人文書院，2007.

[73] Nowak, G.: Riemann's Habilitationsvortrag and the synthetic a priori status of geometry, in [77], 17-46.

[74] パリク『数学者ザリスキーの生涯』広中平祐 監訳，矢野環・正木玲子 訳，シュプリンガー・フェアラーク東京，1996.

[75] Riemann, B.: *Gesammelte mathematische Werke und wissenschaftlicher Nachlass*, von H. Weber. Zweite Auflage, Leipzig, Druck und Verlag von B.G. Teubner, 1892.

[76] ベルンハルト・リーマン『リーマン論文集』足立恒雄・杉浦光夫・長岡亮介 訳，数学史叢書，朝倉書店，2004.

[77] Rowe D.E. & McCleary, J.: *The History of Modern Mathematics, Volume*

1: Ideas and Their Reception, Proceedings of the Symposium on the History of Modern Mathematics Vassar College, Academic Press, 1990.

[78] Russel, B.: *An essay on the founations of geometry*, Dover Publication, 1956.

[79] Scholz, E.: Riemanns frühe Notizen zum Mannigfaltigkeitsbegriff und zu den Grundlagen der Geometrie, *Arch. Hist. Ex. Sci.* **27**, No.3 (1982), 213-232.

[80] Scholz, E.: Herbart's influence on Bernhard Riemann, *Historia Mathematica* **9** (1982), 413-440.

[81] Seidenberg, A.: The ritual origin of geometry. *Arch. Hist. Exact Sci.* **1** (1975), no. 5, 488-527.

[82] Seidenberg, A.: The origin of mathematics. *Arch. Hist. Exact Sci.* **18** (1977/78), no. 4, 301-342.

[83] Siegel, C.L.: *Topics in complex function theory. Vol. I. Elliptic functions and uniformization theory.* Translated from the German by A. Shenitzer and D. Solitar. With a preface by Wilhelm Magnus. Reprint of the 1969 edition. Wiley Classics Library. A Wiley-Interscience Publication. John Wiley & Sons, Inc., New York, 1988.

[84] Stark, R.: *How the West Won: The Neglected Story of the Triumph of Modernity*, Intercollegiate Studies Institute, 2014.

[85] 鈴木俊洋『数学の現象学：数学的直観を扱うために生まれたフッサール現象学』法政大学出版局，2013.

[86] 鈴木俊洋「数学的直観とは何か：リーマンの幾何学研究がフッサールに与えた影響」，『現代思想』2016 年 3 月臨時増刊号「総特集：リーマン」203-215，青土社，2016.

[87] 高木貞治『解析概論』改訂第三版，岩波書店，1961.

[88] 高木貞治『近世数学史談』岩波文庫，1995.

[89] Torretti, R.: *Philosophy of Geometry from Riemann to Poincaré*. Episteme (Book 7), Springer, 1978.

[90] Waerden, B.L. van der: *Science Awakening* (English translation). Oxford University Press, New York, 1961.［邦訳：『科学の黎明』村田全・佐藤勝造 訳，みすず書房，1984.］

[91] Waerden, B.L. van der: *Geometry and Algebra in Ancient Civilizations.* Springer-Verlag, Berlin, Heidelberg, New York, Tokyo, 1983.［邦訳：『ファン・デル・ヴェルデン 古代文明の数学』加藤文元・鈴木亮太郎 訳，日本評論社，2006.］

[92] Weierstrass, K.: *Mathematische Werke.* Zweiter Band, Abhandlungen II. Berlin, Mayer & Müller, 1895.

[93] Weyl, H.: *Die Idee der Riemannschen Fläche.* B.G. Teubner, Stuttgart,

1913.［邦訳：『リーマン面』田村二郎 訳，岩波書店，1974.］

[94] ワイルダー『数学の文化人類学』好田順治 訳，海鳴社，1980.

[95] 八木雄二『天使はなぜ堕落するのか—中世哲学の興亡』春秋社，2009.

[96] 山内志朗『普遍論争：近代の源流としての』平凡社ライブラリー，平凡社，2008.

[97] 八杉満利子・林晋「リーマンとデデキント：集合論の源流」，『現代思想』2016年3月臨時増刊号「総特集：リーマン」106-117，青土社，2016.

[98] 山本敦之『リーマンの多様体概念へのガウスとヘルバルトからの影響について』吉備国際大学，社会福祉学部研究紀要，第12号，93-102，2007.

[99] 山本義隆『一六世紀文化革命 1, 2』みすず書房，2007.

[100] 山本義隆『世界の見方の転換 1：天文学の復興と天地学の提唱』みすず書房，2014.

[101] 山本義隆『世界の見方の転換 2：地動説の提唱と宇宙論の相克』みすず書房，2014.

[102] 山本義隆『世界の見方の転換 3：世界の一元化と天文学の改革』みすず書房，2014.

[103] Youschkevitch, A.P.: The Concept of Function up to the Middle of the 19th Century. *Archive for History of Exact Sciences* **16**, No. 1 (1976), 37-85.

事項索引

■ サ行

■ タ行

■ ナ行

■ ハ行

■ マ行

■ ヤ行

■ ラ行

人物索引

■ タ行

■ ナ行

■ ハ行

■ マ行

■ ヤ行

■ ラ行

■ ワ行

〈著者紹介〉

加藤文元(かとうふみはる)

略歴 1968年，宮城県生まれ.
1997年，京都大学大学院理学研究科数学・数理解析専攻博士後期課程 修了.
九州大学大学院数理学研究科助手，京都大学大学院理学研究科准教授，熊本大学大学院自然科学研究科教授，東京工業大学大学院理工学研究科数学専攻教授を経て
2016年より東京工業大学理学院数学系 教授，現在に至る.
博士（理学），専門は数論幾何学.
著訳書に『ファン・デル・ヴェルデン 古代文明の数学』（共訳，日本評論社，2006），『数学する精神』（単著，中公新書，中央公論新社，2007），『物語 数学の歴史—正しさへの挑戦』（単著，中公新書，中央公論新社，2009），『ガロア—天才数学者の生涯』（単著，中公新書，中央公論新社，2010），『リジッド幾何学入門』（単著，岩波書店，2013），『数学の想像力—正しさの深層に何があるのか』（単著，筑摩書房，2013），『天に向かって続く数』（共著，日本評論社，2016）.

リーマンの生きる数学 4

リーマンの数学と思想

(*Bernhard Riemann's Mathematics and Thoughts*)

2017年5月25日 初版1刷発行

著　者 加藤文元 © 2017

発行者 南條光章

発行所 **共立出版株式会社**

〒112-0006
東京都文京区小日向 4-6-19
電話番号 03-3947-2511（代表）
振替口座 00110-2-57035

共立出版（株）ホームページ
http://www.kyoritsu-pub.co.jp/

印　刷 大日本法令印刷

製　本 ブロケード

一般社団法人
自然科学書協会
会員

検印廃止

NDC 410.1, 402.8, 401, 112

ISBN 978-4-320-11237-7

Printed in Japan